世界で一番美しい
甲虫図鑑

專為孩子設計!!

世界驚奇
甲蟲圖鑑

The most beautiful photographs of Beetles

by Kazuo Unno / Keiki Fukui / Hibiki Hoshito

探索甲蟲的生命之美

　　雖然書名是《世界驚奇甲蟲圖鑑》，但全世界的甲蟲種類約有 40 萬種，形態特徵各不相同，光靠生態攝影，是完全無法涵蓋其豐富多元的樣貌。鑒於呈現甲蟲的多樣性，標本無疑也是重要一環，所以特地委託標本製作師福井敬貴先生，負責本書的標本部分，其中有部分標本是專為本書而重新製作，也因為如此，讀者們才有機會看到這些相當美麗的甲蟲。

　　另外我們也決定重新拍攝標本，於是邀請了非常有潛力的新銳攝影師法師人響先生掌鏡。或許從小張的標本照片看不出來，但本書的照片都是以所謂的「深度合成」技術拍攝而成，也就是每一處都準確對焦的攝影方法，所以解析度高到即使把照片都放大到佔滿一整頁，也依然看得很清楚。

　　全書整體的構成與生態照片主要由我本人負責。為了適當調整書頁的甲蟲大小，基本版面配置由福井先生負責。至於整體的配置與封面設計，是委託之前在《世界最美麗的蝴蝶圖鑑》曾合作過的椎名麻美小姐。總之，透過許多人的努力，終於讓這本書問世了。

　　書中盡可能地在昆蟲種名後也附上學名。基本上我們是依照分類群進行介紹，但畢竟本書不是用於學術目的的圖鑑，所以請讀者事先注意一點，那就是分類群的刊登順序，不一定與一般圖鑑一致。本書收錄超過 800 張照片，我想就篇幅的「份量」而言，稱得上是前所未有了。

　　外型奇特有趣的甲蟲很多，就連色彩都豐富到不可思議，不知道我們有沒有辦法以人力打造出像甲蟲一樣美麗造型的藝術品。甲蟲種類實在太多，不可能光靠此書就能窺其全貌，但是本書收錄的都是外型美麗和體形奇特的種類，我相信一定能充分呈現甲蟲的魅力。如果能透過此書，讓更多人發現甲蟲之美，對我們而言就是最大的欣慰。

海野和男

contents

*圖像內所標示的倍率並非針對實物，
而是針對同一頁或對開頁的其他標本照片的倍率。

為甲蟲的魅力所折服

抱持著以雕刻表現昆蟲的志向進入美術大學，但出乎意料的是，隨著對甲蟲的深入瞭解，我的信心也在甲蟲的魅力之下而備受打擊。雖然沒有放棄要藉由創作來表現甲蟲這件事，但在我心目中，甲蟲就是難以言喻的完美存在。

甲蟲是什麼樣的生物呢？若以一句話總結，可說是體現何謂「多樣性」的存在。據估計，存於地球的動物種數有 70～80% 是昆蟲，就物種數量多寡而言，沒有動物類群可與之匹敵。在昆蟲世界裡，最繁盛的當屬甲蟲類，目前已知的甲蟲約有 40 萬種，據說若包含尚未命名的種類在內，實際的數量應會是 40 萬的數倍。總之，數量過於龐大，沒有人知道正確數字，由此也說明甲蟲種數是壓倒性多數，但甲蟲的驚人之處不僅是種數多，它們的適應能力也是極為強大，不論是陸地或淡水，都有不同的甲蟲棲息。與約 3 億年前就存於陸地的甲蟲相比，我們人類誕生於距今約 20 萬年的歷史，絕對是望塵莫及。甲蟲在漫長歲月中與環境相互影響，獲得了不同的形態與習性，並透過時間不斷繁衍壯大，正因如此，甲蟲才會成為地球上最具多樣性的族群。

如同上述，甲蟲的物種多樣性居萬物之首，而本書更精選出擁有美麗色彩與獨特外形的種類。雖然是陳腔濫調，但甲蟲的色彩與造形，即使稱為大自然的藝術品也當之無愧。甲蟲的表皮因為具有奈米級的晶體結構（光子晶體），光線進入時會產生漫射和干涉，導致有些光被屏蔽，有些光會穿透，光色互相干擾，所以會變色。這被稱為物理色或結構色，在甲蟲死後仍可維持很長的時間，所以像是吉丁蟲等結構性較具代表的甲蟲，甚至會被加工成珠寶飾品。甲蟲與生俱來的精妙配色與細緻結構，想必是手藝再高明的工匠和藝術家也自嘆弗如吧！就造形層面而言，甲蟲也具備十足的獨創性，像是擁有一對宛如可劃破天際的大顎的鍬形蟲、體表質感有如日本南部鐵器的步行蟲、身體扎滿了刺的金花蟲、擁有與身體一樣巨大觸角的蟬寄甲、在水面快速迴旋游動的豉甲蟲，甚至還有外型看起來像小朋友塗鴉的蟲等等。不論在世界何處，甲蟲都在展現自己的生命力，持續繁衍下一代。如果大家能在翻閱書頁時，同時在腦海中勾勒出甲蟲的生活與其樣貌所代表的意義，對我們而言就是最大的喜悅。

福井敬貴

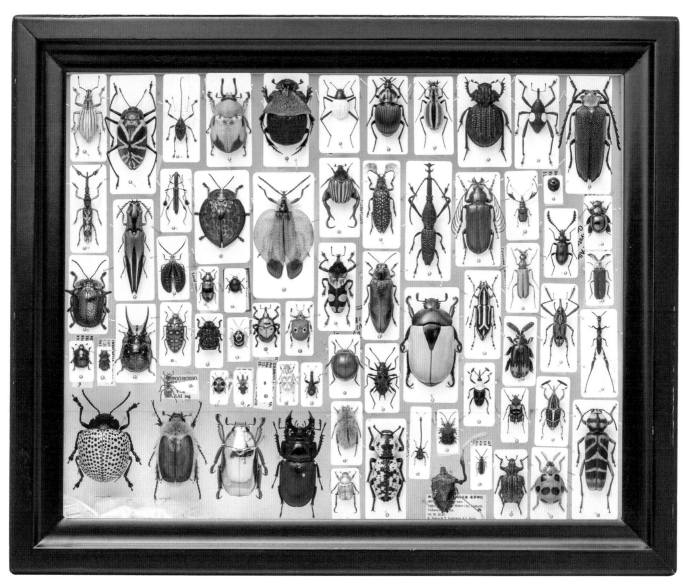

「Collection Oct. 2022」福井敬貴
標本藝術家福井敬貴的標本收藏。無分門別類，陳列重點是強調造形和色彩的多樣性。

甲蟲的
多樣性

不曾看過的
色彩・外型

珠寶般的吉丁蟲

　　吉丁蟲約有 2 萬種，分布於世界各地，並以熱帶地區為大本營。小型的瘦吉丁蟲屬和微吉丁蟲屬，佔種類的近三分之二。微吉丁蟲屬的成員中，有體長約 3 毫米的種類，但如照片所示，若把微扁吉丁蟲放大來看，同樣可見其特有光彩。世界各地的族群各有不同，例如熱帶亞洲有許多近似日本吉丁蟲的 *Chrysochroa* 屬成員，外型非常美麗，包括彩虹吉丁蟲、彩色吉丁蟲；非洲則有天花吉丁亞科的成員。

　　吉丁蟲大多會散發金屬光澤，擁有強烈的結構色，其色彩會隨著觀看角度出現微妙變化。閃閃發光的模樣看似寶石，故有活寶石的美譽，英文也稱之為 Jewel Bettle。多數甲蟲都會把巨大的後翅折疊，但吉丁蟲的後翅沒有可折疊的構造，就甲蟲而言，牠們的後翅屬於小型。

　　擁有良好飛行能力的吉丁蟲，多數是在陽光充足的白天活動。雖然牠們不會在空中懸停，但非常擅長變速，能夠在著地時，以非常緩慢的速度飛行。吉丁蟲的幼蟲大多棲息在整棵樹最虛弱的部位，以木材為食成長；成蟲則大多以葉和花為食。

微扁吉丁蟲
Pachyschelus bedeli
寮國

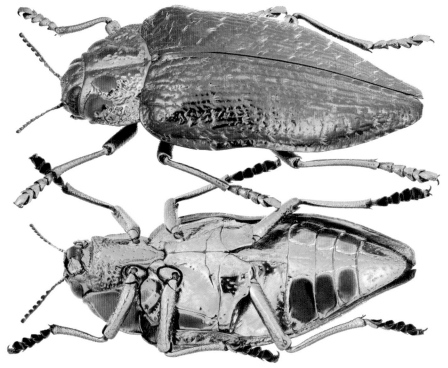

藍彩吉丁蟲
Polybothris sumptuosa gema
馬達加斯加

馬達加斯加吉丁蟲
Polybothris sparsuta
馬達加斯加

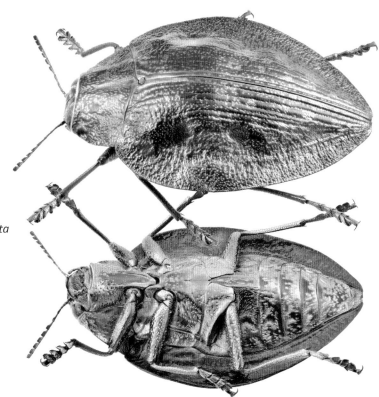

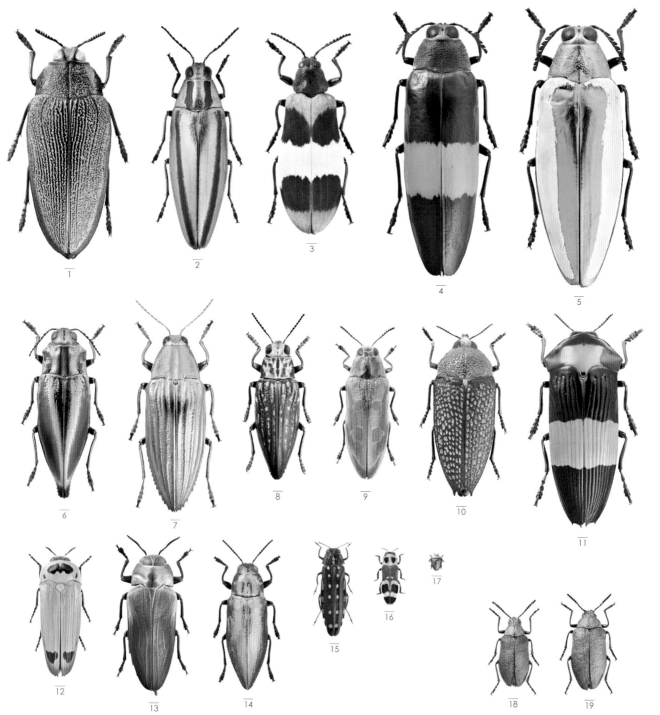

1. 大青綠琉璃吉丁蟲 *Steraspis colossa* 肯亞　2. 吉丁蟲　*Chrysochroa fulgidissima* 日本　3. 泰國多彩吉丁蟲 *Chrysochroa corbetti* 泰國
4. 黃黑琉璃吉丁蟲 *Chrysochroa rogeri* 印度　5. 黃緣琉璃吉丁蟲 *Chrysochroa limbata* 馬來西亞 婆羅洲　6. 南洋錦緞吉丁蟲 *Cyphogastra javanica* 印尼　7. 綠高瘦吉丁蟲 *Paracupta helopioides* 索羅門群島 礁島群　8. 藍胸直紋吉丁蟲 *Chrysodema* sp. 印尼 布魯島　9. 孔雀吉
丁蟲 *Sapaia brodskyi* 越南　10. 閃亮粗網紋昔吉丁蟲 *Stigmodera sanguinosa* 澳洲　11. 黃帶國王昔吉丁蟲 *Calodema ribbei* 巴布亞紐
幾內亞　12. 緣紋花形吉丁蟲 *Hiperantha stigmaticollis* 阿根廷　13. 三色紅角吉丁蟲 *Belionota tricolor* 印尼 希蘭島　14. 琉璃青筋吉丁
蟲 *Helecia cyanea* 祕魯　15. 大黃星長吉丁蟲 *Agrilus grandis* 坦尚尼亞　16. 三色刺爪瘦長吉丁蟲 *Polyonichus tricolor* 泰國　17. 微扁吉
丁蟲 *Pachyschelus bedeli* 寮國　18. 偽吉丁蟲 *Schizopus laetus* 美國（雄蟲）（偽吉丁蟲科 Schizopodidae）　19. 偽吉丁蟲 *Schizopus
laetus* 美國（雌蟲）

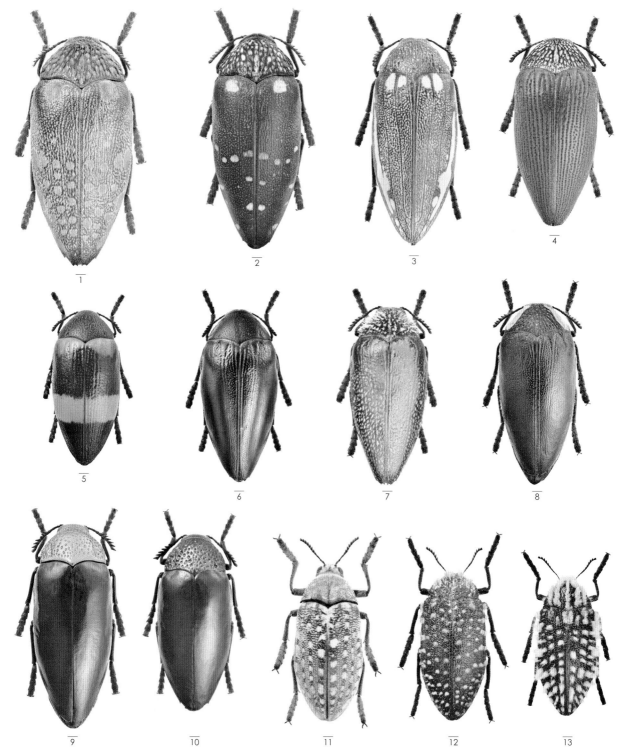

1. 栗色胖吉丁蟲 *Sternocera castanea boucardii* 坦尚尼亞　2. 栗色胖吉丁蟲 *Sternocera castanea* 喀麥隆　3. 直紋胖吉丁蟲 *Sternocera orissa bertolonii* 南非　4. 紫胖吉丁蟲 *Sternocera feld*spathica 安哥拉　5. 琉璃胖吉丁蟲 *Sternocera hunteri* 肯亞　6. 七彩胖吉丁蟲 *Sternocera iris* 剛果　7. 粗紋綠胖吉丁蟲 *Sternocera pulchra* 坦尚尼亞　8. 直紋胖吉丁蟲 *Sternocera orissa monacha* 馬拉威　9.、10. 茶色胖吉丁蟲 *Sternocera chrysis* 印度　11. 痘疤多毛胖吉丁蟲 *Julodis variolaris aberrans* 伊朗　12. 紅毛胖吉丁蟲 *Julodis cirrosa hirtiventris* 南非　13. 紫多毛胖吉丁蟲 *Julodis viridipes* 南非

粗紋彩虹吉丁蟲 *Megaloxantha hemixantha* 馬來西亞

紅胸吉丁蟲 *Belionota prasine* 馬來西亞

紫大琉璃吉丁蟲 *Megaloxantha purpurascens peninsulae* 馬來西亞

七彩琉璃吉丁蟲 *Chrysochroa rajah thailandica* 泰國

大寬翅吉丁蟲 *Catoxantha opulenta* 馬來西亞

藍條吉丁蟲 *Chrysochroa castelnaudi* 馬來西亞

粗紋琉璃吉丁蟲 *Chrysochroa weyersii* 馬來西亞

黃翅琉璃吉丁蟲 *Chrysochroa buquetii* 馬來西亞

大琉璃吉丁蟲 *Megaloxantha bicolor* 馬來西亞

黑背紋吉丁蟲 *Parataenia orbicularis* 喀麥隆

巨人吉丁蟲 *Euchroma gigantea* 祕魯

青銅吉丁蟲 *Sternocera aequisignata* 泰國

蚯蚓馬島吉丁蟲 *Polybothris goryi* 馬達加斯加

群青線胸吉丁蟲 *Chrysodema coelestina* 印尼 卡伊群島

尤加利姬豔吉丁蟲 *Melobasis* sp. 澳洲

麗紋琉璃吉丁蟲 *Chrysochroa toulgoeti* 馬來西亞

黑溝南洋吉丁蟲 *Cyphogastra farinosa* 澳洲

偽白星細腰吉丁蟲 *Cisseis albosparsa* 澳洲

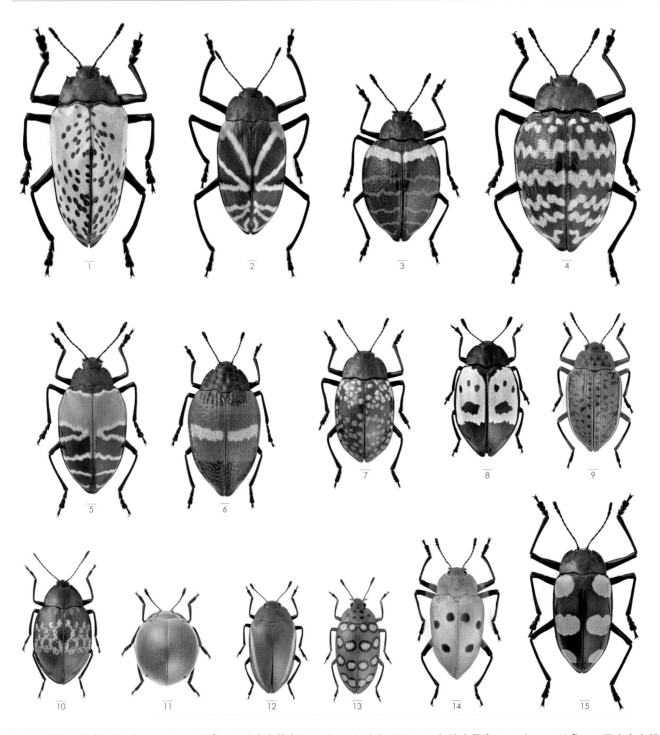

1. 國王飯糰大蕈蟲 *Gibbifer maximus* 祕魯　2. 神奇大蕈蟲 *Erotylus mirabilis* 巴西　3. 紅線大蕈蟲 *Erotylus* sp. 祕魯　4. 巨人大太郎大蕈蟲 *Erotylus* cf. *giganteus* 巴西　5. 凹槽大蕈蟲 *Erotylus staudingeri* 祕魯　6. 假面大蕈蟲 *Erotylus* cf. *pretiosus* 巴西　7. 雙色斑點大蕈蟲 *Erotylus* sp. 玻利維亞　8. 怪異大蕈蟲 *Barytopus dubitabilis* 巴西　9. 紅斑大蕈蟲 *Erotylina maculiventris* 巴西　10. 小頭大蕈蟲 *Prepopharus notatus* 祕魯　11. 圓滾大蕈蟲 *Aegithus* cf. *uva* 祕魯　12. 黃線緋色大蕈蟲 *Iphiclus flavovittatus* 瓜地馬拉　13. 十六紋大蕈蟲 *Iphiclus sedecimmaculatus* 玻利維亞　14. 六紋大蕈蟲 *Iphiclus sexpunctatus* 巴西　15. 六紋細足大蕈蟲 *Scaphidomorphus bosci* 祕魯

大蕈蟲是大蕈蟲科的甲蟲，在日本我們可以在多孔菌的下方發現牠們的蹤影。大蕈蟲的種類很多，從體長僅有數毫米的小型種，乃至 2 公分以上的大型種都一應俱全。分布於南美的 Erotylini 族，無論是體型、體色、形狀都各異其趣，例如佈滿美麗背紋的細波大蕈蟲。幼蟲一般以蕈類為食，有些成蟲會棲息在蕈類，但也會出現在森林的矮樹葉片或地面的朽木。

四紅紋大蕈蟲 *Erotylus chevrolati* 巴西

細波大蕈蟲 *Erotylus onagga* 厄瓜多

放射紋大蕈蟲 *Erotylus* sp. 巴西

有森林寶石之稱的龜金花蟲

Chrysomelidae : Cassidinae

　　宛如寶石般美麗的龜金花蟲，是一群分布在熱帶地區、全身散發金屬光澤的大型金花蟲，包括分布於熱帶亞洲地區的寬翅金盾龜金花蟲等梳龜甲屬的成員。牠們的特徵之一是呈半透明的表皮（甲蟲外骨骼的上骨結構）會隨含水量變化而變色。另外，目前已知的還有會保護卵和幼蟲的 *Acromis* 屬的金花蟲，日文別名是子守金花蟲。

皇家龜金花蟲
Stolas imperialis
巴西

寬翅金盾龜金花蟲 *Aspidimorpha* sp. 馬來西亞

水色金盾龜金花蟲 *Aspidomorpha* sp. 喀麥隆

寬緣龜金花蟲 *Basiprionota* sp. 馬來西亞

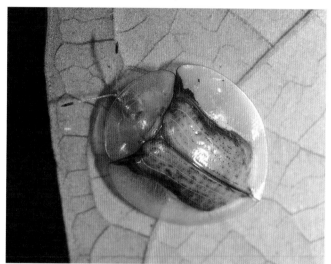

灰盾龜金花蟲 cf. *Aspidomorpha* sp. 喀麥隆

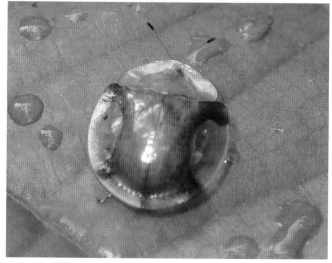

大金盾龜金花蟲 *Aspidimorpha* sp. 喀麥隆

清水金盾龜金花蟲 *Coptocycla arcuata* 巴西

四星龜金花蟲 *Stolas lebasii* 哥斯大黎加

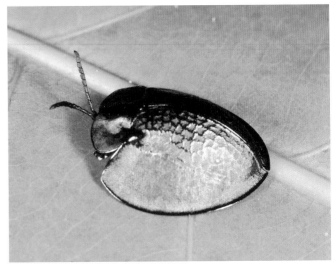

赤紋龜金花蟲 *Agenysa caedemadens* 巴西

青銅多刺龜金花蟲 *Omocerus casta* 哥斯大黎加

淺色子守龜金花蟲 *Acromis sparsa* 哥斯大黎加

金毛龜金花蟲 *Stolas fasciculata* 巴西

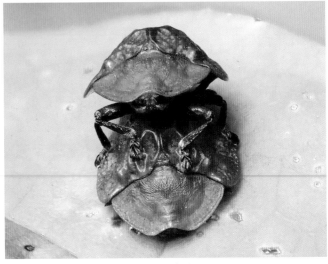

痘疤龜金花蟲 cf. *Laccoptera* sp. 喀麥隆

大角肩刺龜金花蟲 *Omocerus truncates* 巴西

黃紋龜金花蟲 *Stolas sephippium* 哥斯大黎加

螺鈿龜金花蟲 *Physonota alutacea* 哥斯大黎加

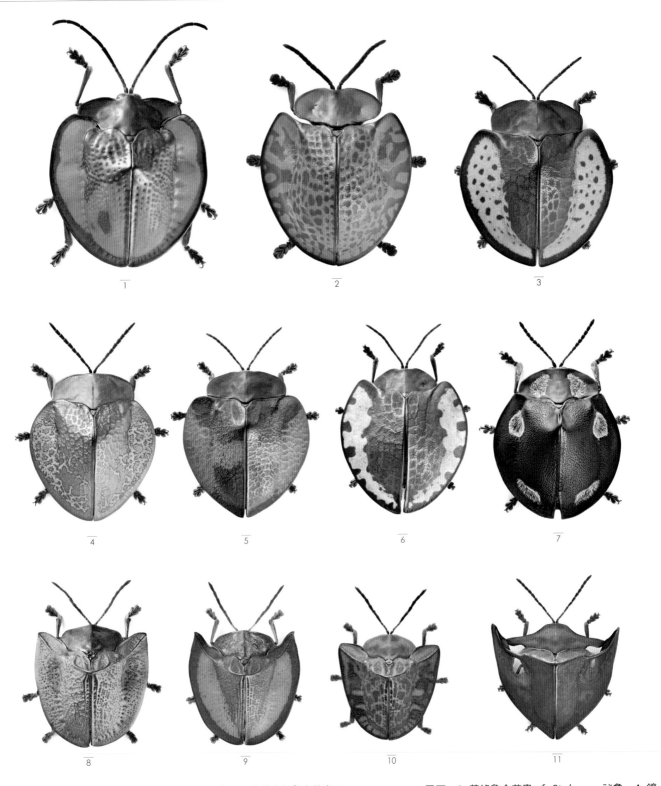

1. 長鬚圓盤龜金花蟲 *Cyclosoma gloriosa* 祕魯　2. 斑紋大紅龜金花蟲 *Eugenysa grossa* 巴西　3. 黃緣龜金花蟲 cf. *Stolas* sp. 祕魯　4. 鑲金龜金花蟲 *Goniochenia haroldi* 祕魯　5. 紅黑龜金花蟲 cf. *Stolas* sp. 祕魯　6. 齒輪龜金花蟲 *Miocalas*pis sp. 祕魯　7. 黑葉龜金花蟲 *Mesomphalia turrita* 巴西　8. 綠隆肩龜金花蟲 *Dorynota carlosi* 祕魯　9. 隆肩龜金花蟲 *Dorynota* cf. *electa* 祕魯　10. 斑紋隆肩龜金花蟲 *Dorynota truncata* 法屬圭亞那　11. 箭頭蝙蝠龜金花蟲 *Acromis venosa* 祕魯

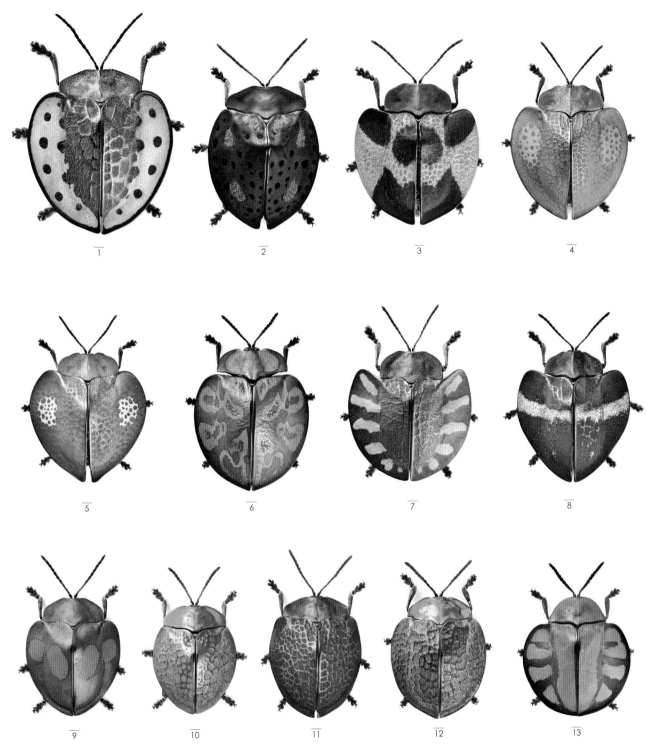

1. 斑點龜金花蟲 *Stolas hypocrita* 祕魯　2. 青黑龜金花蟲 *Stolas conspersa* 巴西　3. 南瓜鬼怪龜金花蟲 *Stolas flavoreticulata* 祕魯　4. 黃紋龜金花蟲 *Stolas mannerheimi* 祕魯　5. 雙爪龜金花蟲 *Stolas redtenbacheri* 巴西　6. 火焰龜金花蟲 *Stolas reticularis* 法屬圭亞那　7. 寬緣放射紋龜金花蟲 *Stolas* cf. *perjucunda* 祕魯　8. 一字紋龜金花蟲 *Stolas zonata* 祕魯　9. 四星龜金花蟲 *Stolas lebasii* 墨西哥　10. 絢爛龜金花蟲 *Stolas* cf. *selecta*　11. 紫網紋龜金花蟲 *Stolas subreticulata* 巴西　12. 靛藍網紋龜金花蟲 *Stolas indigacea* 巴拉圭　13. 放射紋圓龜金花蟲 *Omaspides trifasciata* 法屬圭亞那

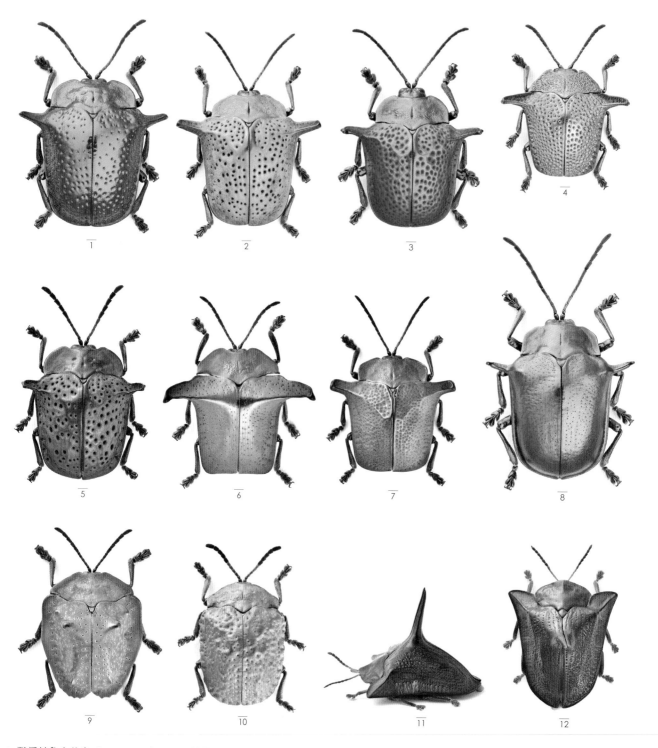

1. 豔肩棘龜金花蟲 *Omocerus bicornis* 法屬圭亞那　2. 青銅肩棘龜金花蟲 *Omocerus casta* 哥斯大黎加　3. 消光肩棘龜金花蟲 *Omocerus* cf. *creberrimus* 祕魯　4. 紅緣豔肩棘龜金花蟲 *Omocerus similis* 巴西　5. 紫肩棘龜金花蟲 *Omocerus doeberli* 巴西　6. 大角肩棘龜金花蟲 *Omocerus truncatus* 巴西　7. 紫灰肩棘龜金花蟲 *Omocerus tenebrosus* 祕魯　8. 青藍肩棘龜金花蟲 *Omocerus* sp. 祕魯　9. 六瘤鋸緣龜金花蟲 *Polychalca dentipennis* 巴西　10. 鋸緣龜金花蟲 *Polychalca salebrosa* 巴拉圭　11、12. 十字釘龜金花蟲 *Dorynota pugionata* 巴西

在葉上生活的金花蟲

　　目前已知的金花蟲科甲蟲在全世界約有 3 萬 5 千種。金花蟲科又名葉甲科，因為這科的甲蟲幾乎都在葉上生活，並以葉為食。有些種類連幼蟲都棲息在葉子上，也有一些種類會食用有毒植物，所以體內囤積了毒素。多數種類會散發美麗的金屬光澤，但形狀奇特的也不少，例如渾身長刺的鐵甲蟲、擬態為毛蟲糞便的糞金花蟲。

1. 雙色寬緣金花蟲 *Platypria dimidiata* 馬來西亞 婆羅洲　2. 角胸無刺金花蟲 *Gonophora xanthomela* 馬來西亞 婆羅洲　3. 西伯利亞艾草金花蟲 *Chrysolina perforata* 俄羅斯 西伯利亞　4. 黑帶偽青銅大猿金花蟲 *Pseudocolaspis timialithus* 喀麥隆　5. 金邊大豔金花蟲 *Lamprosoma* sp. 祕魯　6. 綠大豔金花蟲 *Lamprosoma* sp. 祕魯　7. 黑胸大豔金花蟲 *Lamprosoma* sp. 祕魯　8. 雙色大豔金花蟲 *Lamprosoma bicolor* 巴西　9. 圓大豔金花蟲 *Lamprosoma* sp. 祕魯　10. 鬼怪大瘤金花蟲 *Poropleura monstrosa* 祕魯　11. 群青大瘤金花蟲 *Poropleura coelestina* 厄瓜多　12. 紅金大瘤金花蟲 *Poropleura bacca* 巴西

非洲大猿金花蟲 *Platycorynus dejeani* 喀麥隆

黃星澳洲粗腿金花蟲 *Mecynodera coxalgica* 澳洲

緋色大猿金花蟲 Eumolpinae gen. sp 喀麥隆

葫蘆矮胖金花蟲 *Camerounia ornata* 喀麥隆

粗腿金花蟲 *Sagra buqueti* 馬來西亞

天空藍金花蟲 *Sagra* cf. *tristis* 喀麥隆

雙線矮胖金花蟲 *Platyphora* cf. *angulata* 祕魯

直紋矮胖花蟲 *Platyphora ligata* 哥斯大黎加

黑線長紅鬚金花蟲 *Paranaita* sp. 祕魯

淺色長扁金花蟲 *Anisodera* sp. 馬來西亞

黑端長扁金花蟲 *Callistola* sp. 巴布亞紐幾內亞 新愛爾蘭島

紅胸長扁金花蟲 *Botryonopa* cf. *concinna* 馬來西亞

擬螢金花蟲 *Uroplata* sp. 祕魯

霧面瘦高龜甲金花蟲 *Stoiba bruneri* 古巴

鰭翅無刺金花蟲 *Sceloenopla* sp. 哥斯大黎加

紅鬼角無刺金花蟲 *Metaxycera subapicallis* 巴西

無刺瘤金花蟲 *Oncocephala* sp. 喀麥隆

紅黑無刺金花蟲 *Uroplata* cf. *angulata* 巴西

背斑矮胖金花蟲 *Platyphora irrorata* 巴西

黑線綠矮胖金花蟲 *Platyphora axillaris* 祕魯

淺藍矮胖金花蟲 *Doryphora dorsomaculata* 祕魯

勾玉黃圓金花蟲 *Calligrapha polyspila* 巴西

黃線矮胖金花蟲 *Proseicela vittata* 法屬圭亞那

六星矮胖金花蟲 *Platyhora* sp. 哥斯大黎加

南美的小型金花蟲

南美棲息著多種小型金花蟲，包括 *Omophoita* 屬的成員。體長大多約 5 毫米，一被碰觸就會跳開。

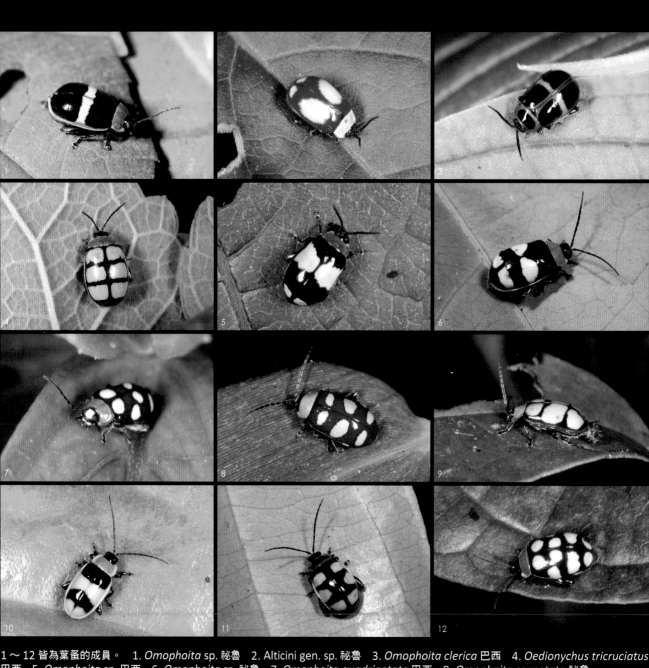

1～12 皆為葉蚤的成員。　1. *Omophoita* sp. 祕魯　2. Alticini gen. sp. 祕魯　3. *Omophoita clerica* 巴西　4. *Oedionychus tricruciatus* 巴西　5. *Omophoita* sp. 巴西　6. *Omophoita* sp. 祕魯　7. *Omophoita quadrinotata* 巴西　8. *Omophoita sexnotata* 祕魯　9. *Omophoita octoguttata* 巴西　10. *Omophoita* sp. 哥斯大黎加　11. *Omophoita* sp. 祕魯　12. *Omophoita* sp. 哥斯大黎加

1. 帶紋長頸金花蟲 *Lema* sp. 澳洲　2. 紅胸刺葉蚤 *Alagoasa* cf. *gemmata* 哥斯大黎加　3. 雙色長鬚金花蟲 *Chalcophana* sp. 巴西　4. 紅背長頸金花蟲 *Lilioceris impressa* 馬來西亞　5. 圓紅金花蟲 cf. *Leptinotarsa* sp. 泰國　6. 橘色黃守瓜 *Diabrotica* sp. 哥斯大黎加　7. 黑翅紅金花蟲 *Aplosonyx* sp. 巴西　8. 雙斑黃守瓜 *Diabrotica* sp. 巴西　9. 消光矮胖金花蟲 *Proseicela* sp. 巴西　10. 紅胸黃守瓜 Luperini gen. sp. 巴西　11. 紅緣黃胸黃守瓜 *Diabrotica* sp. 巴西　12. 亮漆扁金花蟲 *Imatidium thoracicum* 巴西　13. 四紋黃守瓜 *Diabrotica adelpha* 哥斯大黎加　14. 密紋螢金花蟲 Alticini gen. sp. 巴西　15. 擬蜂寬肩金花蟲 cf. *Agathomerus* sp. 巴西

以木為食的天牛

　　分布於世界各地的天牛科甲蟲約有 3 萬 5 千種，在甲蟲界是勢力龐大的一群。一般而言，雄蟲的觸角都比雌蟲長，甚至有些種類的觸角長度可達體長的 2 倍。許多天牛科甲蟲是在植物的莖或樹幹裡成長，以正在生長的樹木或枯木為食。成蟲的食物來源也很多元，可區分為食花粉、食葉、吸食樹液等等。

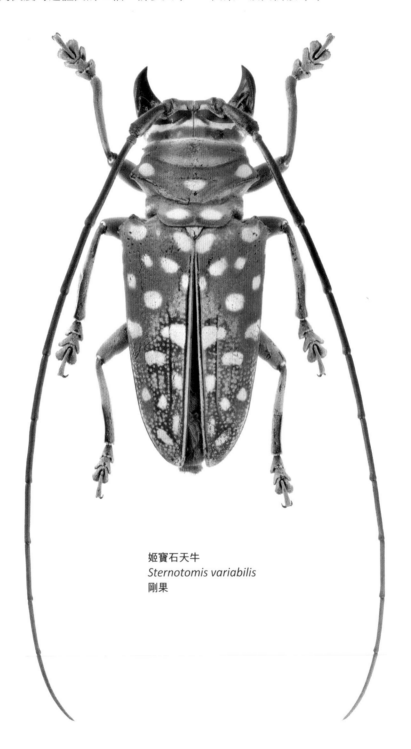

姬寶石天牛
Sternotomis variabilis
剛果

姫寶石天牛 *Sternotomis variabilis* 剛果

綠瑪瑙寶石天牛 *Sternotomis chrysopras* 喀麥隆

寶石天牛 *Sternotomis pulchra* 剛果

蜘蛛天牛 *Gerania bosci* 泰國

皺胸深山天牛 cf. *Nadezhdiella* sp. 婆羅洲

巴利白條天牛 *Batocera parryi* 馬來西亞

湯姆森白條天牛 *Batocera thomsonii* 婆羅洲

淺藍星天牛 *Anoplophora medembachi* 馬來西亞

華萊士櫛鬚深山天牛 *Cyriopalus wallacei* 婆羅洲

白條天牛 *Batocera lineolata* 日本

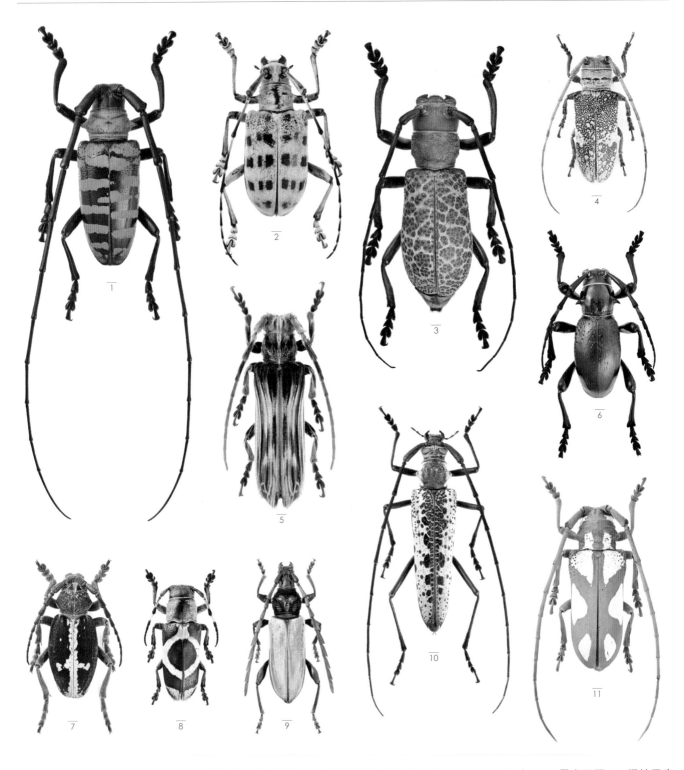

1. 深灰長鬚天牛 *Nemophas forbesi* 印尼 塔寧巴爾群島　2. 圓背琉璃色天牛 *Pseudomyagrus waterhousei* 馬來西亞　3. 網紋天牛
Paranaleptes reticulata 坦尚尼亞　4. 薄雪粗天牛 *Oncideres dejeani* 巴西　5. 縱條天牛 *Xylorhiza adusta* 印度　6. 仙人掌天牛
Moneilema gigas 墨西哥　7. 十字瓢天牛 *Dorcadion equestre* 烏克蘭　8. 圓紋豔天牛 *Callimetopus castus* 印尼 蘇拉威西島　9. 黑胸山
天牛 *Lachnopterus auripennis* 菲律賓 錫布延島　10. 黑斑細天牛 *Disteniazteca pilati* 墨西哥（細天牛科）　11. 豔紋粗天牛 *Prosopocera
lactator meridionalis* 坦尚尼亞

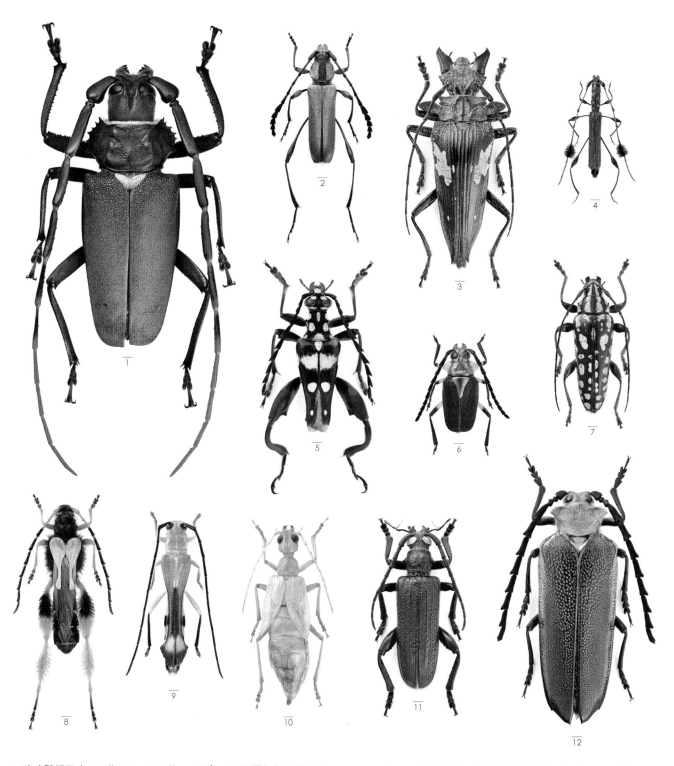

1. 琉璃鬚鋸天牛 *Mallaspis scutellaris* 祕魯　2. 絢爛紅姬天牛 *Helymaeus pretiosus* 坦尚尼亞　3. 板胸巴布亞天牛 *Sepicana arfakensis* 印尼 西巴布亞省　4. 青煙囟天牛 *Camelocerambyx coerulescens* 馬來西亞 婆羅洲　5. 桃腿花天牛 *Sagridola maculosa* 馬達加斯加　6. 翡翠天牛 *Esmeralda coerulea* 法屬圭亞那　7. 螺鈿天牛 *Tmesisternus fulgens* 印尼 蘇拉威西島　8. 智利多毛細短翅天牛 *Callisphyris macropus* 智利　9. 擬蟻蜂蘋果天牛 *Leuconitocris patricia* 喀麥隆　10. 暗天牛 *Vesperus luridus* 茅利塔尼亞（暗天牛科）　11. 大鬚細扁天牛 *Cyrtonops punctipennis* 馬來西亞 婆羅洲（細天牛科）　12. 大智利天牛 *Cheloderus childreni* 智利（盾天牛科）

絢爛白星天牛 *Glenea subviridescens* 泰國

南美綠天牛 *Mionochroma ocreatum* 祕魯

紅腳綠天牛 *Callichroma* sp. 巴西

非洲綠天牛 *Chromacilla* sp. 剛果

秀麗白星天牛 *Glenea elegans* 馬來西亞

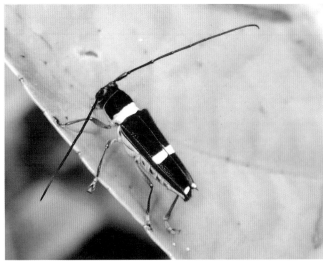

雙線白星天牛 *Glenea funerula* 馬來西亞

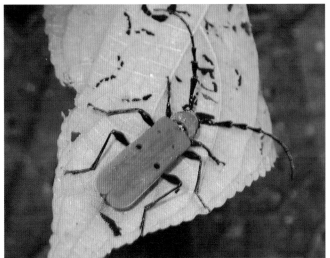

點線紅天牛 *Rosalia decempunctata* 泰國

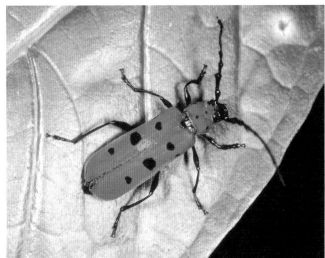

馬來紅天牛 *Rosalia sanguinolenta* 馬來西亞

黃紋脊虎天牛 *Xylotrechus rosinae* 馬來西亞

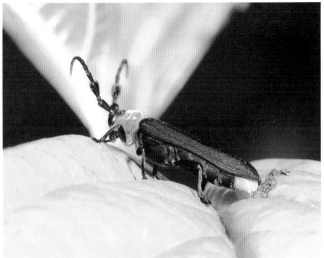

擬螢天牛 *Linda strbai* 馬來西亞

紅帶天牛 *Purpuricenus malaccensis* 馬來西亞

黃帶天牛 *Pachyteria dimidiata* 馬來西亞

紅胸綠天牛 *Pachyteria virescens* 馬來西亞

黃鬚紅黑天牛 *Pachyteria speciosa* 馬來西亞

木棉叢角天牛 *Diastocera wallichi* 馬來西亞

桔斑簇天牛 *Aristobia approximator* 泰國

長臂天牛 *Acrocinus longimanus* 祕魯 腹部背上有一隻擬蠍。

鬼薄雪粗天牛 *Lochmaeocles consobrinus* 祕魯

鬼薄雪粗天牛 *Lochmaeocles consobrinus* 祕魯

慕尼榭柯粗天牛 *Tragocephala mniszechi* 喀麥隆

黃線細頸天牛 *Gnomibidion diagrammum* 祕魯

鬍鬚大天牛 *Orthomegas sylvainae* 祕魯

細鬚瘤天牛 cf. *Hypselomus* sp. 祕魯

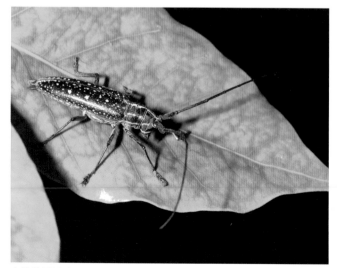

南美黃星天牛 *Taeniotes pulverulentus* 祕魯

綠櫛鬚天牛 *Rhipidocerus australasiae* 澳洲

大黑扁天牛 *Mallodon baiulus* 祕魯

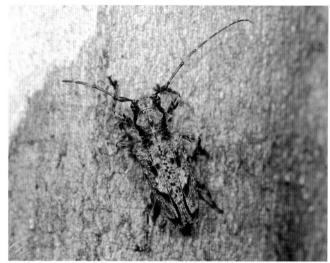

美國鏽天牛 *Aegomorphus* sp. 祕魯

刺胸大天牛 *Callipogon armillatum* 祕魯

西莉亞白星天牛 *Glenea celia* 祕魯

茶色豔天牛 Cerambycini gen. sp. 祕魯

虹色白星天牛 *Glenea* sp. 馬來西亞

印度白天牛 *Olenecamptus indianus* 寮國

南美深山天牛 *Sphallotrichus* sp. 祕魯

條胸白星天牛 *Glenea* cf. *cantor* 馬來西亞

華麗星天牛 *Anoplophora graafi* 馬來西亞

黑盾闊嘴天牛 *Euryphagus lundii* 馬來西亞

黑端瘦翅天牛 *Rhinotragini* gen. sp. 巴西

長牙鋸黑天牛 *Dorysthenes walkeri* 寮國

會製作育兒搖籃的捲葉象鼻蟲

　　捲葉象鼻蟲在世界各地約有2千種以上的成員。這族群的最大特徵是會切割葉片，再像摺紙般把葉子捲成筒狀，並在裡面產卵。捲起來的葉筒稱為搖籃，搖籃內部就是幼蟲的食糧，讓幼蟲一邊進食一邊成長。雌蟲在無師自通的情況下，能夠製作出如此穩固的搖籃，實在叫人嘖嘖稱奇。此外，有很多種類雄蟲的脖子比雌蟲長，雄蟲之間也會爭奪地盤，例如長腳捲葉象鼻蟲，一如其名，是以長腳作為戰鬥武器。

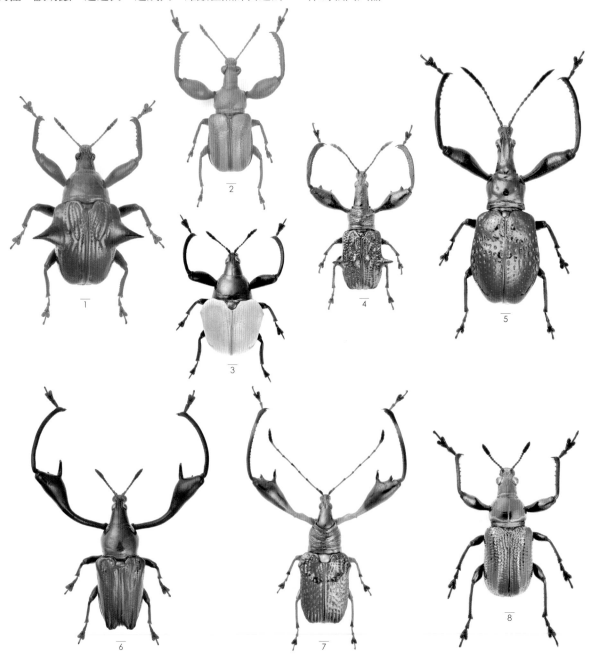

1. 刺翅長腳捲葉象鼻蟲 *Lamprolabus bihastatus* 寮國　2. 條紋力士捲葉象鼻蟲 *Paramecolabus feae* 越南　3. 黃翅粗腿捲葉象鼻蟲 *Omolabus peruanus* 祕魯　4. 金黃弓足捲葉象鼻蟲 *Euscelus inaequalis* 薩爾瓦多　5. 大琉璃長腳捲葉象鼻蟲 *Isolabus* cf. *indigaceus* 越南　6. 大弓足捲葉象鼻蟲 *Neoeuscelus longimanus* 法屬圭亞那　7. 長角弓足捲葉象鼻蟲 *Euscelus scutellatus* 多明尼加　8. 絢爛長腳捲葉象鼻蟲 *Pilolabus viridans* 墨西哥

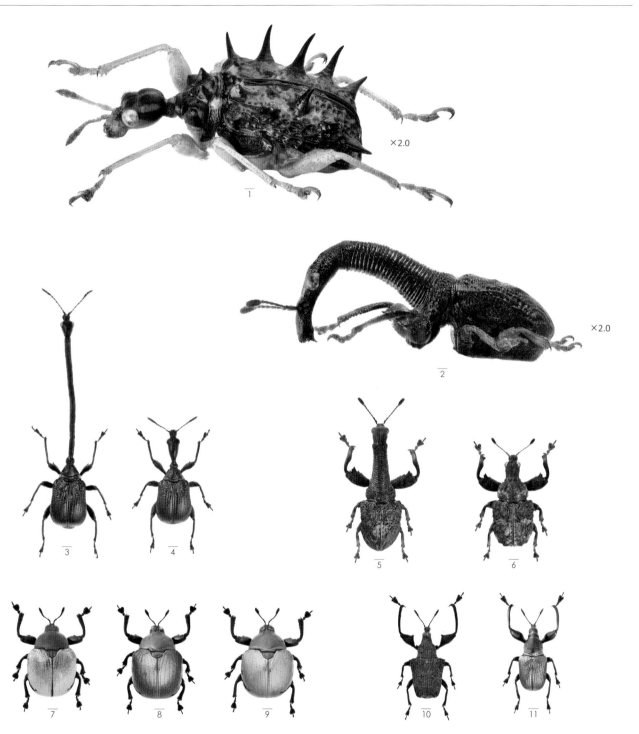

×2.0

×2.0

1. 馬島刺麻點捲葉象鼻蟲 *Echinapoderus enoplus* 馬達加斯加　2,5. 龍首長腳捲葉象鼻蟲 *Lagenoderus dentipennis* 馬達加斯加（雄蟲）
3. 長脖子捲葉象鼻蟲 *Trachelismus macrostylus* 菲律賓 呂宋島（雄蟲）　4. 長脖子捲葉象鼻蟲 *Trachelismus macrostylus* 菲律賓 呂宋島
（雌蟲）　6. 龍首捲葉象鼻蟲 *Lagenoderus dentipennis* 馬達加斯加（雌蟲）　7. 絢爛圓捲葉象鼻蟲 *Hybolabus* cf. *bryanti* 玻利維亞　8. 琉
璃圓捲葉象鼻蟲 *Hybolabus* sp. 法屬圭亞那　9. 綠圓捲葉象鼻蟲 *Hybolabus* sp. 祕魯　10. 黑棘捲葉象鼻蟲 *Morphoeuops antonkozlovi* 越
南　11. 民都洛琉璃捲葉象鼻蟲 *Euopus* sp. 菲律賓 民都洛島

會製作搖籃的長頸鹿象鼻蟲

Attelabidae : *Trachelophorus*

　　此為馬達加斯加的特有種,除了分布於馬達加斯加的中部,也有少許棲息在熱帶雨林。牠們以某種野牡丹科植物的葉子為食,也把葉子當作製造搖籃的材料。因為葉片厚實,捲起來很費力,需要約5個小時才能完成搖籃。

正在交尾中。位在上方、長脖子的是雄蟲。

只靠口器和腳,把葉片捲起來。

切斷厚實的葉片再折起來。

雄蟲雖有現身,但不會幫忙製作搖籃。

從樹上切落完成的搖籃。

直到太陽西下，終於完成了搖籃。

長頸鹿象鼻蟲
Trachelophorus giraffa
馬達加斯加

雄蟲的脖頸非常長，外型看起來像長頸鹿。雌蟲會切斷某種野牡丹的葉子，製作出超過 5 公分的巨大搖籃，其製作時間超過 5 小時。

擁有閃耀斑紋的球背象鼻蟲

　　象鼻蟲科、球背象鼻蟲屬的甲蟲，以菲律賓為主要分布地區，但也有一些種類棲息在日本沖繩。雖然後翅已經退化，無法飛行，但身體仍是非常堅硬，硬到連鳥類也吃不了。球背象鼻蟲具有各式各樣的花紋與色彩，尤其以呂宋島北部和民答那峨島的種類，呈現極高多樣性。

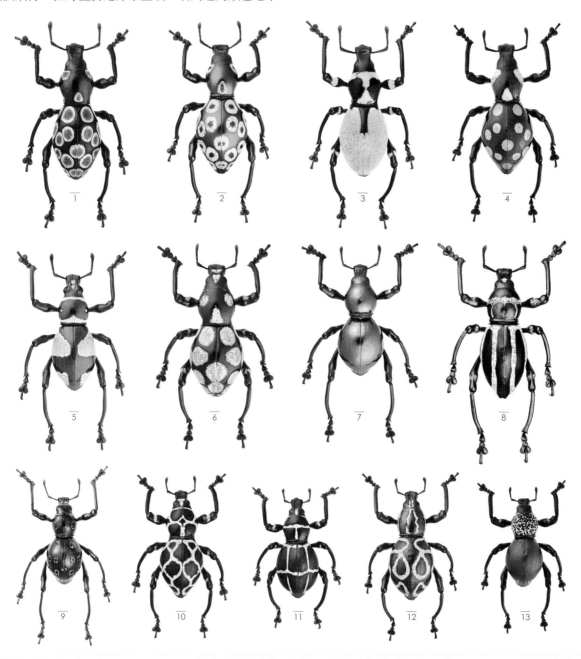

1. 花球背象鼻蟲 *Pachyrhynchus congestus pavonius* 菲律賓 呂宋島　2. 花球背象鼻蟲 *Pachyrhynchus* cf. *congestus* 菲律賓 呂宋島　3. 天藍色球背象鼻蟲 *Pachyrhynchus caeruleus* 菲律賓 呂宋島　4. 陶紋球背象鼻蟲 *Pachyrhynchus congestus mirabilis* 菲律賓 呂宋島　5. 美麗球背象鼻蟲 *Pachyrhynchus puseudamabilis* 菲律賓 民答那峨島　6. 寶石球背象鼻蟲 *Pachyrhynchus gemmatus* 菲律賓 呂宋島　7. 青銅球背象鼻蟲 *Pachyrhynchus* cf. *nobilis* 菲律賓 呂宋島　8. 華麗球背象鼻蟲 *Pachyrhynchus inclytus* 菲律賓 呂宋島　9. 炎燒色球背象鼻蟲 *Pachyrhynchus* cf. *annulatus* 菲律賓 呂宋島　10. 網紋球背象鼻蟲 *Pachyrhynchus reticulatus* 菲律賓 呂宋島　11. 鍊條球背象鼻蟲 *Pachyrhynchus moniliferus* 菲律賓 呂宋島　12. 淚珠球背象鼻蟲 *Pachyrhynchus octoannulatus* 菲律賓 民答那峨島　13. 胸斑球背象鼻蟲 *Pachyrhynchus rugicollis* 菲律賓 呂宋島

「I think' "*Pachyrhynchus*" No.0」福井敬貴
以親緣演化樹為主軸，排列各種球背象鼻蟲標本的作品，其中也混入了幾隻擬硬象天牛。

球背象鼻蟲與擬態

　　球背象鼻蟲的身體非常堅硬，所以不受鳥類等天敵青睞，也因為這點，出現了眾多以牠為對象的擬態者，像是天牛、金花蟲、其他類的象鼻蟲。有趣的是，除了上述這些甲蟲的貝氏擬態，其實同為球背象鼻蟲的成員，彼此也會出現穆氏擬態的情形，讓擬態關係顯得更加錯綜複雜。

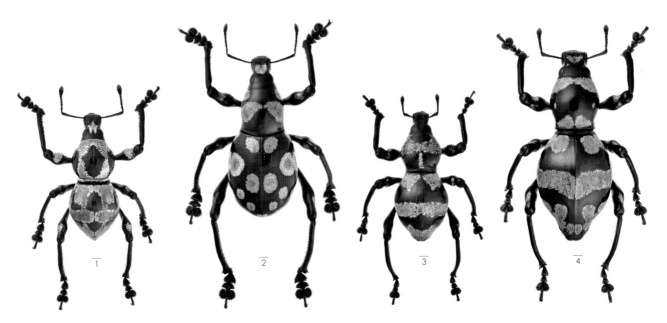

各種粉紅色的球背象鼻蟲，全都分布在同一地區。

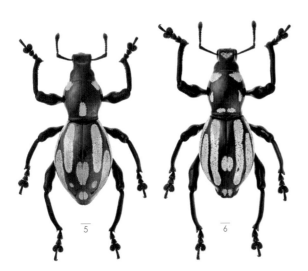

5、6.球背象鼻蟲屬的成員互相擬態，
被視為同屬之間的不同族群擬態
（穆氏擬態：參照 p.95）

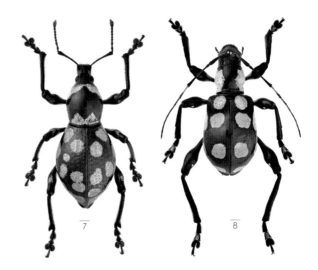

7.象鼻蟲擬態成球背象鼻蟲
8.天牛擬態成的陶紋球背象鼻蟲
（貝氏擬態：參照 p.95）

1. 桃色紅腳球背象鼻蟲 *Metapocyrtus* sp. 菲律賓 呂宋島　2. 圓斑圓形球背象鼻蟲 *Eupachyrhynchus superbus* 菲律賓 呂宋島　3. 條紋球背象鼻蟲 *Pachyrhynchus orbifer* cf. *gemmans* 菲律賓 呂宋島　4. 新里球背象鼻蟲 *Pachyrhynchus niisatoi* 菲律賓 呂宋島　5. 虹彩球背象鼻蟲 *Pachyrhynchus dohrni* 菲律賓 呂宋島　6. 虹紋球背象鼻蟲 *Pachyrhynchus barsevskisi* 菲律賓 呂宋島　7. 偽球背象鼻蟲 *Eupyrgops variabilis* 菲律賓 呂宋島（與球背象鼻蟲是不同屬的象鼻蟲）　8. 陶紋擬硬象天牛 *Doliops emmaneli* 菲律賓 呂宋島（擬態為球背象鼻蟲的天牛）

擬球背象鼻蟲跳蛛
Heratemita sp.
菲律賓 民答那峨島

擬態成球背象鼻蟲的跳蛛，令人嘖嘖稱奇。

螺鈿鏽象鼻蟲
Metapocyrtus elegans
菲律賓 民答那峨島

偽象鼻蟲天牛
Acronia alboplagiata
菲律賓 民答那峨島

055

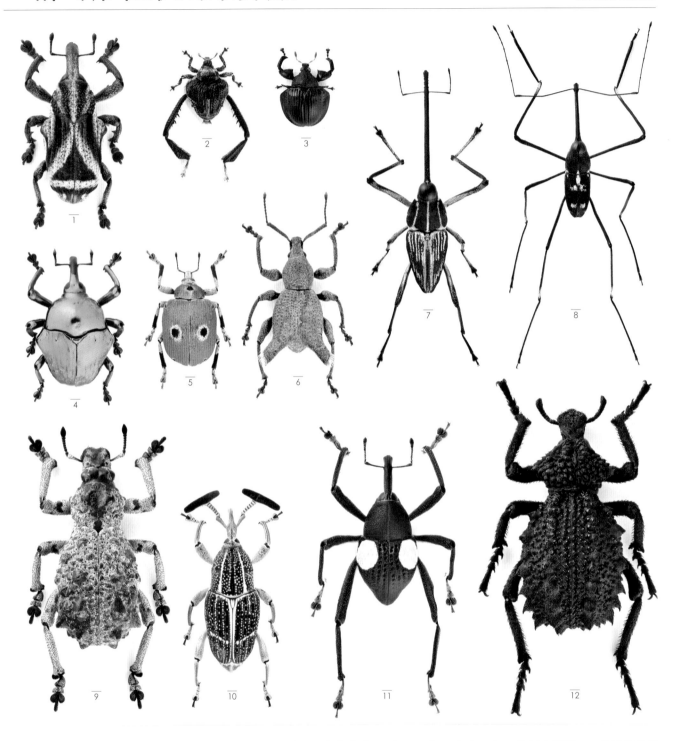

1. 三角紋象鼻蟲 *Sternuchopsis triangulifer* 泰國　2. 南美長腳刺象鼻蟲 *Tachygonidius phalangium* 法屬圭亞那　3. 龜甲象鼻蟲 *Camarotus* cf. *singularis* 法屬圭亞那　4. 絢爛姬象鼻蟲 *Eurhinus festivus* 祕魯　5. 面具象鼻蟲 *Chlorophorus rubrovittatus* 馬達加斯加　6. 大角姬球背象鼻蟲 *Apirocalus cornutus* 巴布紐幾內亞　7. 長吻蜘蛛象鼻蟲 *Mecopus serrirostris* 印尼 米蘇爾島　8. 大蚊象鼻蟲 *Talanthia phalangium* 菲律賓 呂宋島　9. 銅綠粗嘴象鼻蟲 *Holonychus saxosus* 馬達加斯加　10. 雨刷大象鼻蟲 *Cercidocerus indicator* 馬來西亞　11. 白紋巴布亞象鼻蟲 *Arachnobas* sp. 巴布亞紐幾內亞　12. 紅刺大球象鼻蟲 *Brachycerus* sp. 坦尚尼亞

象鼻蟲因為其長吻突有如大象鼻子而得名。象鼻蟲科的種類之多，在甲蟲界名列前茅，目前已知種類約有 5 萬種。除了形態樣貌之外，生態也相當多元，最常見的產卵方式是用長長的口器在植物表面鑿出小洞，再把卵產在裡面。草本植物的莖、樹幹、枯木、樹上果實等，都可以成為牠們的產卵處；棲息環境也各有不同，包括聚集在花上、棲息在葉上、駐足在樹液等。

黑線粗嘴象鼻蟲 Entininae gen. sp. 哥斯大黎加

擬白點小象鼻蟲 Neopyrgops sp. 印尼阿洛島

黃紋扁粗吻象鼻蟲 Exophthalmus sp. 古巴

縱紋吹粉鰹魚象鼻蟲 Lixinae gen. sp. 哥斯大黎加

雨刷大象鼻蟲 Cercidocerus sp. 馬來西亞

南美挖洞象鼻蟲 Rhineilipus cuvieri 祕魯

黑白象鼻蟲 Peridinetus cretaceus 哥斯大黎加

南美吹粉象鼻蟲 Naupactini gen. sp. 巴西

阿洛細寶石象鼻蟲 Rhinoscapha striatopunctata 印尼阿洛島

1. 擬紅帶吹泡象鼻蟲 cf. *Cholus* sp. 巴西　2. 紅腳跳蚤象鼻蟲 *Orchestes sanguinipes* 日本　3. 白腹大象鼻蟲 cf. *Oxyopisthen* sp. 馬達加斯加　4. Y紋白帶大象鼻蟲 *Cryptoderma* sp. 菲律賓　5. 白帶象鼻蟲 *Cryptoderma* sp. 馬來西亞　6. 淡綠瘤象鼻蟲 *Episomus* sp. 泰國　7. 條紋長腳象鼻蟲 *Alcidodes waltoni* 馬來西亞　8. 大眼象鼻蟲 *Mecopus bispinosus* 菲律賓　9. 鴨嘴長腳象鼻蟲 *Cylindralcides* sp. 菲律賓　10. 寶石藍象鼻蟲 *Hypomeces squamosus* 泰國　11. 小灰象鼻蟲 Celeuthetini gen. sp. 剛果　12. 背紋長腳象鼻蟲 cf. *Alcidodes* sp. 剛果

苔胸象鼻蟲 *Lithinus rufopenicillatus* 馬達加斯加　身體表面長著地衣的象鼻蟲。

多毛挖洞象鼻蟲 *Lixus barbiger* 馬達加斯加　茶色多毛象鼻蟲 *Lithinus* cf. *sepidoides* 馬達加斯加　非洲青象鼻蟲 *Polyclaeis africanus* 馬達加斯加

長鼻象鼻蟲
Curculio sp.
馬來西亞 婆羅洲

篦角蛛形象鼻蟲
Daedania sp.
印尼 加里曼丹

瘤背象鼻蟲
Leprosomus sp.
哥倫比亞

大角雙瘤象鼻蟲
Gymnopholus weiskei
巴布亞紐幾內亞

呈霧面質感條紋的寶石象鼻蟲

Curculionidae : *Eupholus*

分布在紐幾內亞與週邊，屬於象鼻蟲科、*Eupholus* 屬的象鼻蟲，體長約 2 公分，散發著有如寶石般的美麗光澤。翅膀的表面為鱗片所覆蓋，也因為結構色的關係，顯得閃閃發光。種類因產地而異，但即使是同種，也可能出現色彩和紋路的變異。除了個體變異的多樣性很高，有些變異則是具備界在兩個種類之間的特徵，所以在分類上的難度很高。

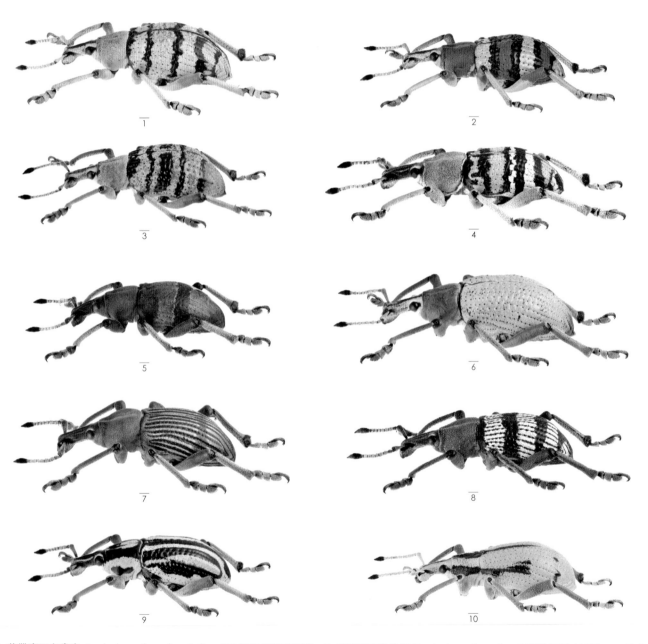

1. 藍帶寶石象鼻蟲 *Eupholus schoenherri* cf. *petiti* 印尼 西巴布亞省　2. 藍帶寶石象鼻蟲 *Eupholus schoenherri* 印尼 西巴布亞省　3. 喬弗里寶石象鼻蟲 *Eupholus geoffroyi* 印尼 巴布亞省　4. 尼克里寶石象鼻蟲 *Eupholus nickerli* 巴布亞紐幾內亞　5. 黑帶寶石象鼻蟲 *Eupholus dhuyi* 巴布亞紐幾內亞　6. 藍帶寶石象鼻蟲 *Eupholus schoenherri semicoeruleus* 巴布亞紐幾內亞　7. 縱紋茶帶寶石象鼻蟲 *Eupholus* cf. *messagieri* 巴布亞紐幾內亞　8. 白帶寶石象鼻蟲 *Eupholus albofasciatus* 巴布亞紐幾內亞　9. 衛吉寶石象鼻蟲 *Eupholus waigeoensis* 印尼衛吉島　10. 普拉希努斯寶石象鼻蟲 *Eupholus prasinus* 印尼 巴布亞省

無紋寶石象鼻蟲 *Eupholus bruyni* 印尼 西巴布亞省

雙線寶石象鼻蟲 *Eupholus marielaurae* 印尼 西巴布亞省

綠黑寶石象鼻蟲 *Eupholus chevrolati* 印尼 阿洛島

阿瑪魯魯寶石象鼻蟲 *Eupholus* cf. *amalulu* 巴布亞紐幾內亞

好鬥的大象鼻蟲

Dryophthoridae : Rhynchophorinae

椰象鼻蟲科的象鼻蟲主要分布在熱帶地區，全世界已知的種類約有 2 千 2 百種，日本的大褐象鼻蟲也是其中之一。熱帶亞洲有不少大型種，像是體型位居世界之冠的大褐象鼻蟲、大將大象鼻蟲，將足伸展後可達 9 公分。大象鼻蟲多數像日銅羅花金龜一樣，前翅不會張開，只靠後翅高速飛行，且具備非常堅硬的外骨骼，是一群非常好鬥的甲蟲。

大將大象鼻蟲 *Protocerius colossus* 馬來西亞

紅紋長臂大象鼻蟲 *Macrocheirus* sp. 馬來西亞

綠大象鼻蟲 *Paratasis viridiaenea* 馬來西亞

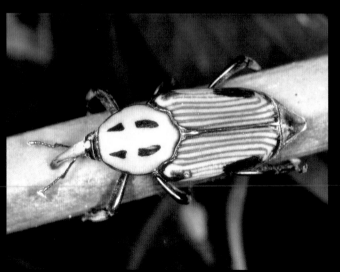

巨大象鼻蟲 *Omotemnus* sp. 馬來西亞

長腳大象鼻蟲 *Mahakamia kampmeinerti* 馬來西亞

大象鼻蟲族群特徵是強而有力的腳部，其發達的腳部可當作武器使用，有時與獨角仙或鍬形蟲對打都能佔上風。例如，大將大象鼻蟲的前腳很粗，可以當作類似鍬形蟲的大顎，用於戰鬥；長腳大象鼻蟲的腳雖細長，但是能像鞭子一樣拍擊竹子。

長臂大象鼻蟲 *Cyrtotrachelus longimanus* 泰國

一點也不細的三錐象鼻蟲

目前全世界已知的種類約有 2 千 7 百種。這群象鼻蟲的體型扁平細長，棲息在倒木的樹皮之下。所謂的三錐，指的應是雌蟲的口器構造，雌蟲的口吻細長，呈鋸齒狀，適合用來挖掘產卵用的洞穴，另有長腳三錐象鼻蟲等棲息在樹皮甲蟲巢穴的種類，其外型更為奇特。

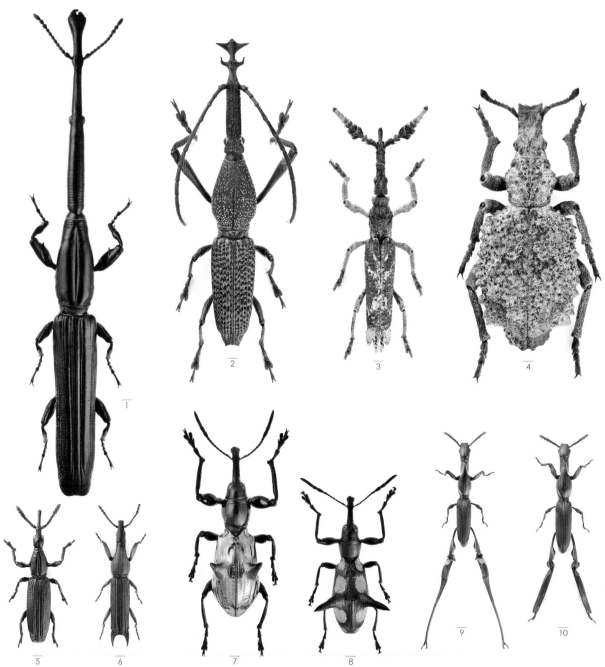

1. 長黑三錐象鼻蟲 *Rhyticephalus brevicornis* 馬達加斯加　2. 棘花三錐象鼻蟲 *Teraticorhynchus* sp. 馬來西亞 婆羅洲　3. 粗鬚多毛三錐象鼻蟲 *Ulocerus laticornis* 墨西哥　4. 荒地三錐象鼻蟲 *Microcerus spiniger* 坦尚尼亞　5. 琉璃豔姬三錐象鼻蟲 cf. *Miolispa* sp. 巴布亞紐幾內亞　6. 剪刀三錐象鼻蟲 *Hoplopisthius maximus* 印尼 西巴布亞省　7. 絢爛大棘三錐象鼻蟲 *Aporhina* sp. 印尼 西巴布亞省　8. 黃紋大棘三錐象鼻蟲 *Aporhina australis* 巴布亞紐幾內亞　9. 長腳三錐象鼻蟲 *Calodromus* sp. 馬來西亞 婆羅洲（雄蟲）　10. 長腳三錐象鼻蟲 *Calodromus* sp. 馬來西亞 婆羅洲（雌蟲）

消光南美三錐象鼻蟲 *Estenorhinus goudoti* 巴西

淺色窟窿三錐象鼻蟲 Brentidae gen. sp. 祕魯

紅姬三錐象鼻蟲 Brentidae gen. sp. 巴西

細腹三錐象鼻蟲 *Ceocephalus* sp. 泰國

細口三錐象鼻蟲 *Nemorhinus myrmecophaga* 哥倫比亞

國王三錐象鼻蟲 *Eutrachelus temmincki* 馬來西亞

鋸三錐象鼻蟲 *Stratiorrhina* sp. 馬來西亞

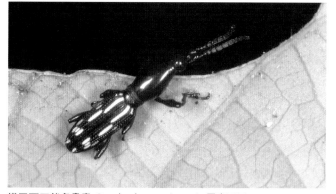

鐵甲面三錐象鼻蟲 *Orychodes serrirostris* 馬來西亞

身為蕈類愛好者的長角象鼻蟲

Anthribidae

　　此科的象鼻蟲在全世界有將近 3 百種，小型種的體長約 5 毫米，大型種約 3 公分，最大的特徵是雄蟲的長觸角和奇特的頭部形狀。長角象鼻蟲科大多以蕈類為食物來源，所以牠們棲息在長有蕈類的枯木和朽木，英語也稱之為 fungus weevil。另外，其雄蟲都有一對誇張的長觸角，這也是日語稱為長鬍象鼻蟲的原因。

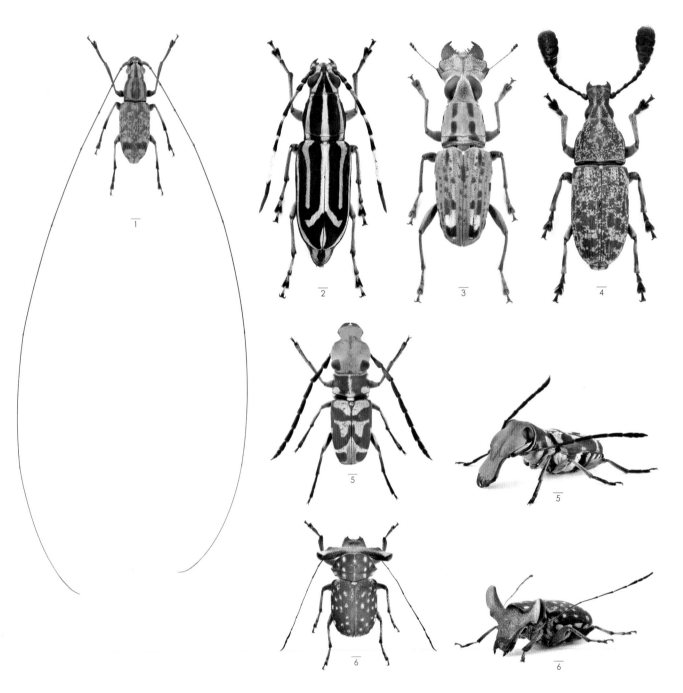

1. 茶帶長角象鼻蟲 *Apolecta depressipennis* 馬來西亞 婆羅洲　2. 海藍大長角象鼻蟲 *Xenocerus* sp. 印尼 蘇拉威西島　3. 大牙長角象鼻蟲 *Nessiara stomphax* 馬來西亞　4. 扁平長角象鼻蟲 *Basitropis platypus* 馬來西亞 婆羅洲　5. 火男長角象鼻蟲 *Systaltocerus platyrhinus* 哥倫比亞　6. 白點牛面長角象鼻蟲 *Exechesops* cf.*wollastoni* 菲律賓 民答那峨島

胸紋大長角象鼻蟲 *Xenocerus squalaris* 菲律賓 民答那峨島

青腳長角象鼻蟲 *Mecotropis caelestis* 菲律賓 民答那峨島

藍灰大長角象鼻蟲 *Xenocerus* sp. 菲律賓 民答那峨島

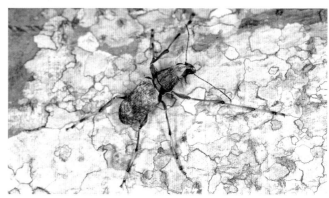

長腳長角象鼻蟲 *Chirotenon adustum* 剛果

胸紋大刺長角象鼻蟲 *Mecocerus basalis* 菲律賓 民答那峨島

斑點大刺長角象鼻蟲 *Mecocerus gazella* 馬來西亞

行走寶石之稱的步行蟲

Carabidae : Carabinae

　　步行蟲科、步行蟲亞科的一群，屬於地表徘徊型的大型甲蟲，全世界的種類約有 2 萬 5 千種。許多步行蟲的後翅都已退化，無法飛行，取而代之的是快速的行走速度。牠們棲息在森林、與森林鄰接的草地，並時常出沒在地表以捕食蚯蚓和昆蟲。擁有美麗體色的步行蟲因為無法飛行，造成種族的隔離情形愈明顯，體色也出現各種地域變異型，所以即使僅相距一個山頭，體色差異宛如不同種類的情形屢見不鮮。

紅裙步行蟲 *Carabus augustus* 中國

火緣步行蟲 *Carabus ingnimitella* 中國

青步行蟲 *Carabus insulicola* 日本

紅背步行蟲 *Carabus tuberculosus* 日本

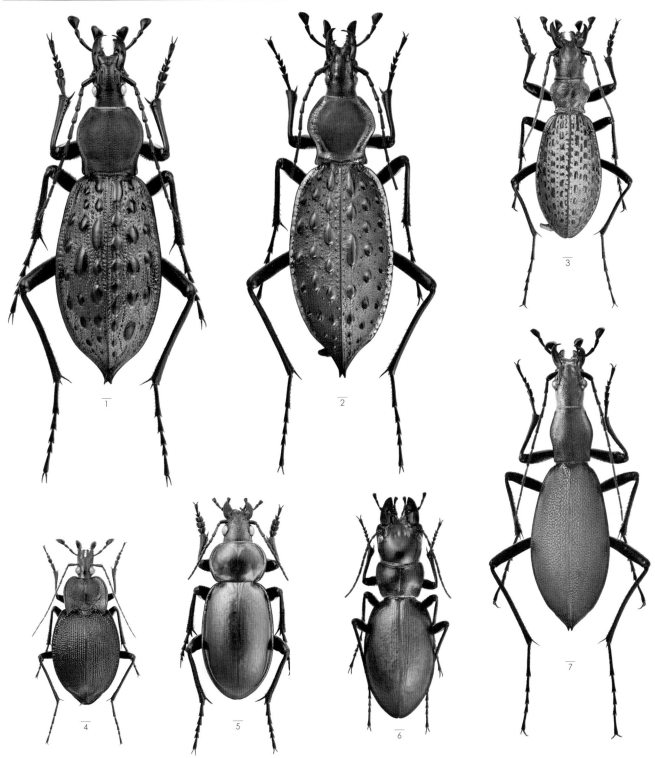

1. 紅裙步行蟲 *Carabus augustus* 中國　2. 火緣步行蟲 *Carabus ingnimitella* 中國　3. 奇異步行蟲 *Carabus mirabilissimus furumiensis* 韓國　4. 科羅拉多食蝸步行蟲 *Scaphinotus elevatus coloradensis* 加拿大　5. 淡青星步行蟲 *Calosoma atrovirens* 墨西哥　6. 大頭步行蟲 *Carabus alexandrae fantingi* 中國　7. 食蝸步行蟲（日本東北地方北部亞種）*Carabus blaptoides viridipennis* 日本

美麗的芥蟲

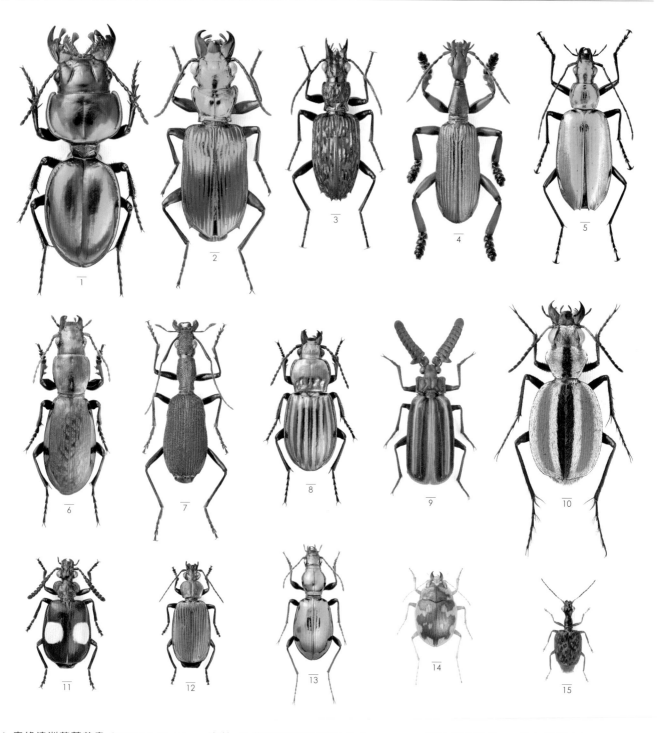

1. 青緣澳洲葫蘆芥蟲 *Carenum virescens* 澳洲　2. 蘇門答臘凹唇步甲 *Catascopus* sp. 印尼 蘇門答臘　3. 棕紅凹唇步甲 *Catascopus mirabilis* 越南　4. 平足攀木芥蟲 *Agra sasquatch* 祕魯　5. 虹之森扁芥蟲 *Onypterygia* sp. 墨西哥　6. 角瓢芥蟲 *Creobius eydouxii* 智利　7. 群青細芥蟲 *Dendrocellus* sp. 喀麥隆　8. 黃金溝翅芥蟲 *Aristochroa* sp. 中國　9. 線翅粗鬚步行蟲 *Heteropaussus alternans* 尚比亞　10. 美麗沙漠芥蟲 *Graphipterus amabilis* 納米比亞　11. 半熟蛋壺步甲 *Physodera* cf. *sciaky* 馬來西亞 婆羅洲　12. 桃紅壺步甲 *Calleida* sp. 祕魯　13. 綠粗瓢芥蟲 *Broscosoma* cf. *ribbei* 印度　14. 瓦片圓步甲 *Omophron aequalis* 日本　15. 瘤翅壺步甲 cf. *Colliuris* sp. 祕魯

芥蟲並不是一個正式的分類群，而是以步行蟲總科中、大型步行蟲之外的繁雜種類為主，包括步甲亞科等甲蟲的總稱。因為其中包括幾種在田裡、垃圾堆中可見的種類，所以日文稱為芥蟲（垃圾蟲）。一被觸碰會發出臭味的種類有很多，此現象尤其以氣步甲特別明顯。擁有美麗光澤與花紋的芥蟲，和垃圾蟲這個名稱形成強烈對比。

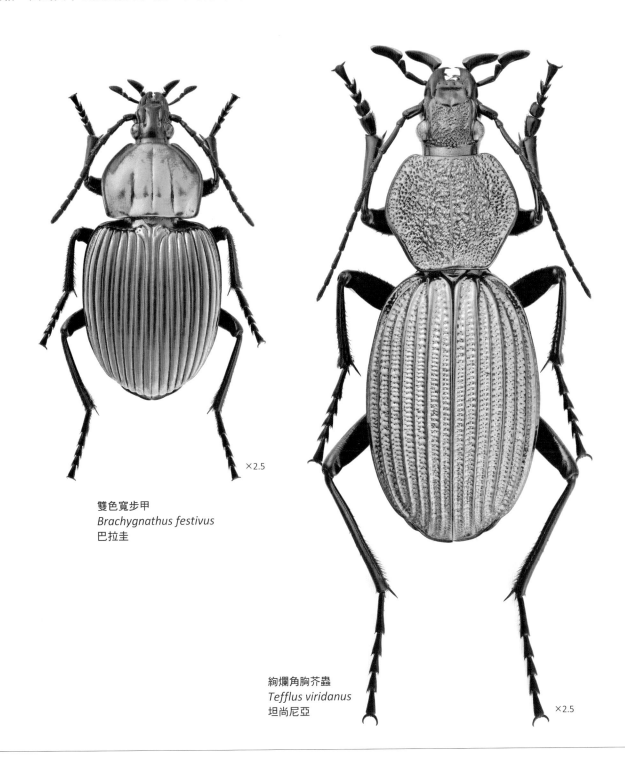

×2.5

雙色寬步甲
Brachygnathus festivus
巴拉圭

絢爛角胸芥蟲
Tefflus viridanus
坦尚尼亞

×2.5

茶扁芥蟲 *Hexagonia sauteri* 日本 西表島

森青細芥蟲 *Dendrocellus confusus* 日本

豔黃緣青步甲 *Chlaenius spoliatus* 日本

日光大頭通緣步甲 *Pterostichus macrogenys* 日本

細扁步行蟲 *Ischnagonum carinigerum* 日本 西表島

瓦片圓步甲 *Omophron aequale* 日本

馬達加斯加大葫蘆步甲 *Dinoscaris* sp. 馬達加斯加

長頸壺步甲 *Ophionea indica* 泰國

寬胸提琴擬步行蟲
Mormolyce castelnaudi
馬來西亞

壺步甲屬的小提琴步行蟲，體型極為
扁平，且會附著在多孔菌的背面，伺
機捕食那些聚集在蕈類的生物。

黃尾放屁蟲
Pheropsophus occipitalis
日本
為了自我防衛正在噴射毒液。
噴射的液體會瞬間氣化，溫度
有時高達 100℃。

導路王者虎甲蟲

Carabidae：Cicindelinae

　　全世界的種類約有 1 千 3 百種，虎甲蟲會來回飛近人們的腳跟，而有導路蟲的別名。牠們步行地面的速度迅速，靠捕捉螞蟻等小昆蟲為食；幼蟲會在地面挖洞並躲藏，待昆蟲經過，再以迅雷不及掩耳的速度捕捉。雖然也有生長在森林中的種類，但多數虎甲蟲喜好砂地等環境。虎甲蟲無法進行長距離的飛行，但經常飛行的種類很多，另也有像攀木虎甲蟲等不會飛行的種類。不知道是否因外型與蟻類相似，所以成為許多甲蟲的擬態對象。

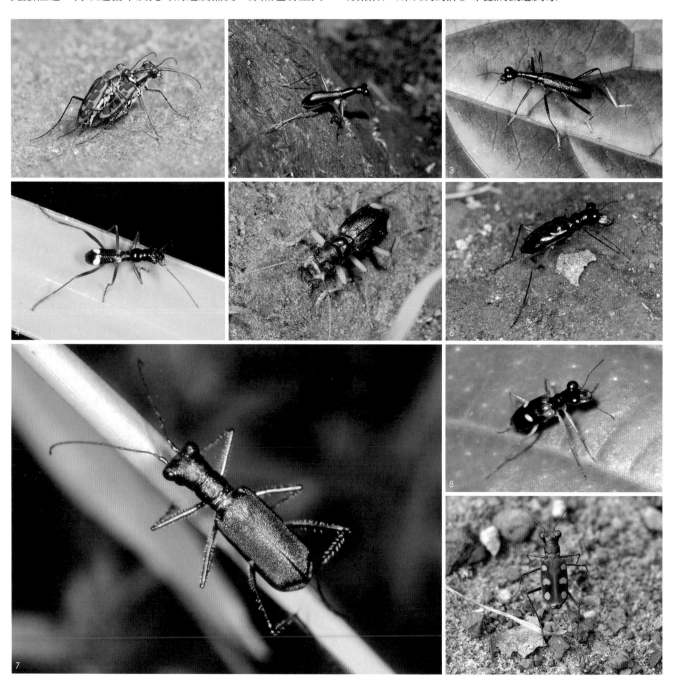

1.白腹虎甲蟲 *Cicindela* sp. 喀麥隆　2.烏珠攀木虎甲蟲 *Tricondyla cyanea* 菲律賓　3.白腳長鬚攀木虎甲蟲 *Neocollyris* sp. 馬來西亞　4.四紋櫛鬚虎甲蟲 *Ctenostoma* sp. 巴西　5.青銅大頭虎甲蟲 *Megacephala* sp. 祕魯　6.紅腳目高虎甲蟲 *Therates coracinus* 菲律賓　7.絢爛淙淙虎甲蟲 *Oxygonia* sp. 巴西　8.雙星目高虎甲蟲 *Therates* sp.　9.八星虎甲蟲 *Cicindela aurulenta* 泰國

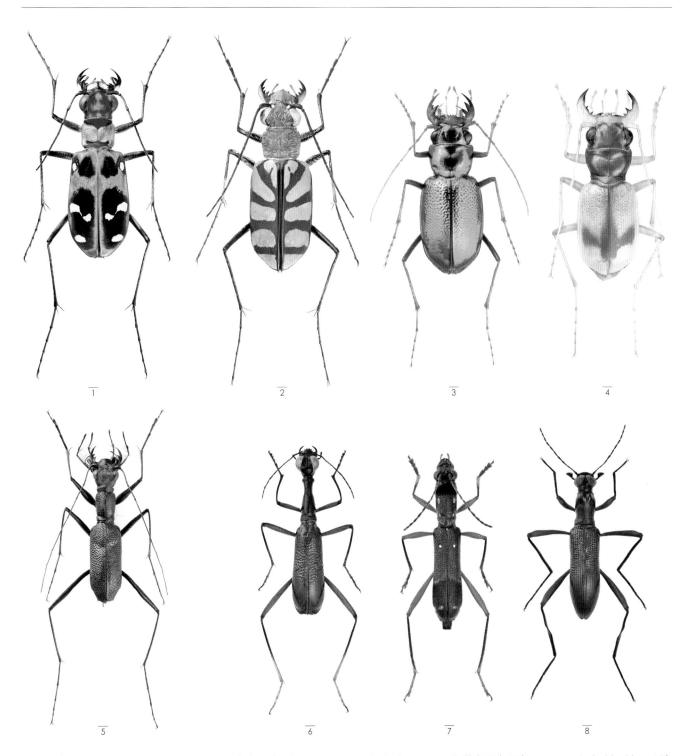

1. 虎甲蟲 *Sophiodela japonica* 日本　2. 皇家虎甲蟲 *Chaetodera regalis* 坦尚尼亞　3. 絢爛大頭虎甲蟲 *Megacephala blackburni* 澳洲　4. 色白大頭虎甲蟲 *Megacephala crucigera* 澳洲　5. 藍鬚子虎甲蟲 *Pogonostoma caeruleum* 馬達加斯加　6. 長胸攀木虎甲蟲 *Neocollyris* sp. 印尼 蘇門答臘　7. 虎甲蟲天牛 *Sclethrus sumatrensis* 印尼 蘇門答臘（擬態為擬攀木虎甲蟲的天牛）　8. 似虎甲擬步行蟲 *Strongylium tricondyloides* 印尼 蘇門答臘（擬態為擬攀木虎甲蟲的擬步行蟲）

隱翅蟲與埋葬蟲

目前已知的隱翅蟲科甲蟲，全世界約有 6 萬種以上，是甲蟲中的第二大科。隱翅蟲的前翅小，後翅則巧妙地收合在翅鞘之下。許多種類都具備奇特的生態，例如可以棲息於各種環境的肉食性，也有些則是好蟻性的種類。專門收拾動物腐屍、有自然清道夫之稱的埋葬蟲，近年也有研究建議將其納入隱翅蟲科。大自然中有不計其數的生物死亡，而森林地表之所以沒有屍橫遍野，部分原因正是拜牠們所賜。

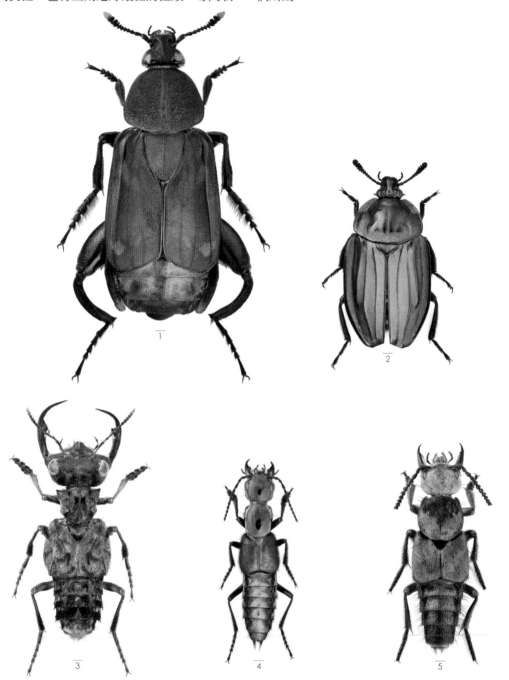

1. 橫紋盾埋葬蟲 *Diamesus osculans* 印尼 婆羅洲　2. 紅緣琉璃扁埋葬蟲 *Necrophila renatae* 印尼 蘇拉維西島　3. 大牙銹隱翅蟲 *Leistotrophus versicolor* 祕魯　4. 雙色絢爛隱翅蟲 *Phanolinus pretiosus* 祕魯　5. 黃頭大蟻塚隱翅蟲 *Glenus chrysis* 巴西

模仿高手的華萊士出尾蕈蟲

Staphylinidae : *Diatelium*

在馬來西亞婆羅洲和印尼蘇門答臘，棲息著一種脖子奇長無比的隱翅蟲，名為華萊士出尾蕈蟲。第一次看到時，還把牠誤認是象鼻蟲。由於飛行速度很快，所以很難認清牠的模樣，我花了一小時，終於成功拍下照片，才確認牠不是象鼻蟲。對華萊士出尾蕈蟲的生態至今沒有太多了解，只知道牠會在有蕈類生長的倒塌樹下出沒，其長脖子似乎在守護勢力範圍時能派上用場。

在馬來西亞婆羅洲的山丘，正宣示著自己在森林的主權。

華萊士出尾蕈蟲
Diatelium wallacei
印尼 蘇門答臘

靠光通訊的螢火蟲 Lampyridae

　　螢科包括源氏螢等會發光的種類，但並不是每一種都會發光。全世界的螢科甲蟲大約 2 千種，分布在溫帶至熱帶地區。幼蟲以蝸牛類為食，大多在陸地生活。有許多種類的雌蟲呈幼蟲的形態，甚至也有體型比雄蟲大幾倍的種類。

在菲律賓的錫基霍爾島，螢類的發光器雖然不是同時閃爍的類型，但雄蟲和雌蟲會聚集在同一棵樹上進行交尾。

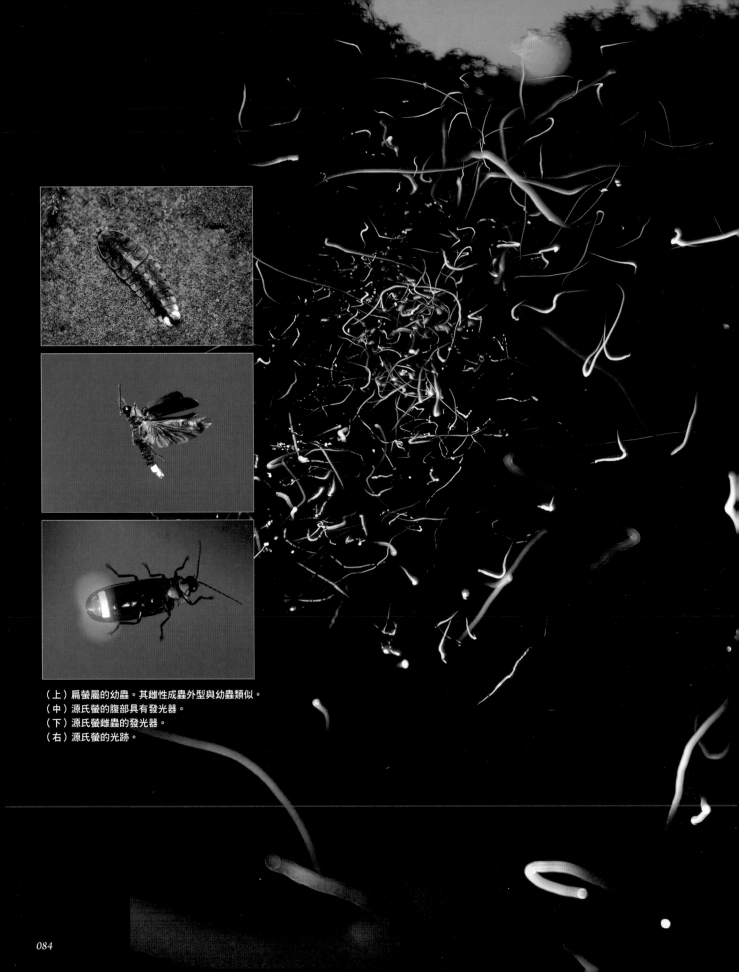

（上）扁螢屬的幼蟲。其雌性成蟲外型與幼蟲類似。
（中）源氏螢的腹部具有發光器。
（下）源氏螢雌蟲的發光器。
（右）源氏螢的光跡。

（上）位於新愛爾蘭島，在樹上聚集的螢火蟲。

（左上）螢火蟲聚集在樹上交尾。
（右上）在同棵樹上，擬態成螢火蟲的紅螢。
（左下）在南美有一種妖婦螢會模仿其他種類的螢火蟲發光，以吸引獵物並捕食。
（右下）也有外型與妖婦螢非常相似的叩頭蟲。

發出紅色警告的紅螢

　紅螢是外型類似螢火蟲的物種。此物種的成員眾多，分布於世界各地的溫帶至熱帶地區。多數為橘色和紅色，且漫舞於森林的顯眼之處，具毒性，所以受到捕食者忌諱。

　三葉蟲紅螢的雌蟲成長後仍保持著幼蟲的模樣，外型與三葉蟲相似，且體型巨大。

大島角胸紅螢 *Lyponia oshimana* 日本 沖繩

長身紅螢 Lycidae gen. sp. 馬來西亞

縱紋闊翅紅螢 *Lycus latissimus* 剛果

一種三葉蟲紅螢的幼蟲 *Platerodrilus* sp. 馬來西亞

三葉蟲紅螢（幼蟲）*Platerodrilus ngi* 印尼 蘇門答臘

緋色紅螢 *Lycostomus* sp. 馬來西亞

黑斑紅螢 *Calopteron* sp. 巴西

闊翅紅螢 *Lycus aspidatus* 喀麥隆

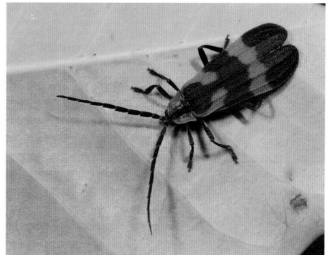

黑帶紅螢 *Calopteron* sp. 祕魯

秀麗紅螢 *Lycus elegans* 喀麥隆

把紅螢模仿得維妙維肖的甲蟲們

　　紅螢為人所知的是體內含有名為賴氨酸的毒素，因此捕食者大多對牠們敬而遠之。也因為如此，出現許多不具毒性的擬態種，包括天牛、金花蟲、叩頭蟲、擬步行蟲、象鼻蟲等，皆模仿紅螢的擬態種。分布地區包括中南美、東南亞、中非等，據說尤其常見於赤道附近的熱帶地區。

紅帶擬紅螢菊虎 *Daiphron laticolle* 巴西

中美擬紅螢金花蟲 *Monocesta depressa* 哥斯大黎加

有刺無刺金花蟲的成員 *Sceloenopla* sp. 巴西

擬紅螢天牛 *Cosmoplatidius bilineatus* 巴西

紅背擬紅螢菊虎 *Daiphron* sp. 哥斯大黎加

擬紅螢叩頭蟲 Elateridae gen. sp. 喀麥隆

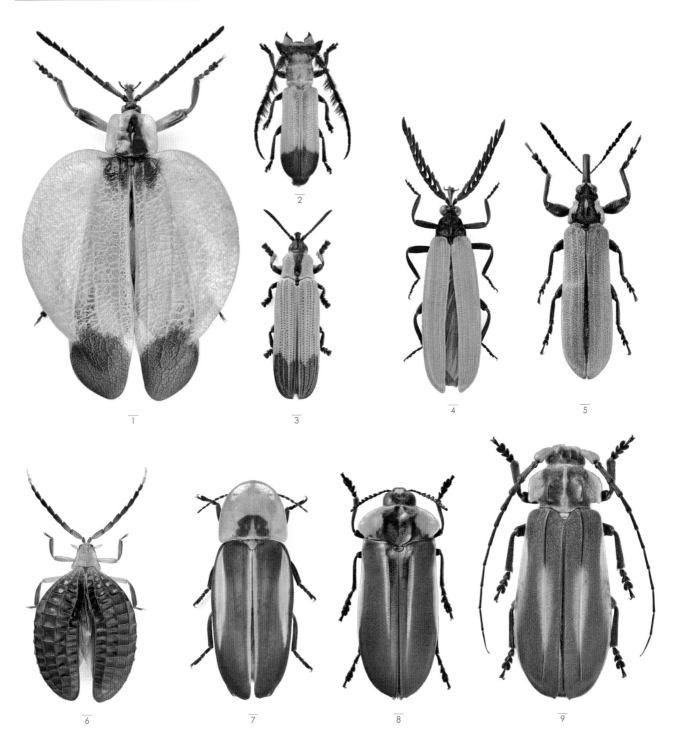

1. 尾片闊翅紅螢 *Lycus trabeatus* 烏干達　2. 尾黑面具天牛 *Mystacophorus mystax* 喀麥隆（擬態種）　3. 尾黑角刺金花蟲 *Gyllenhaleus* sp. 喀麥隆（擬態種）　4. 澳洲紅螢 *Porrostoma rhipidius* 澳洲　5. 樺色曙象鼻蟲 *Rhinotia haemoptera* 澳洲（擬態種）　6. 氣球紅螢 *Broxylus pfeifferi* 印尼 蘇拉威西島　7. 黃線窗螢 *Cratomorphus diaphanus* 巴西（擬態種）　8. 擬螢吉丁蟲 *Lampygnatha ikuoi* 巴西（擬態種）　9. 寬幅擬螢天牛 *Allocerus spencei* 巴西（擬態種）

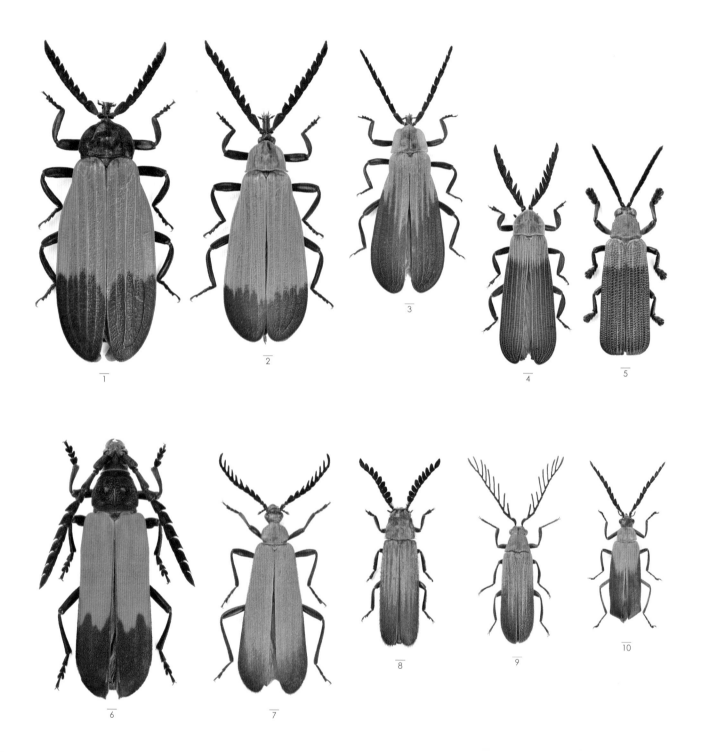

1. 粗鬚紅螢 *Lycostomus* sp. 印尼 加里曼丹　2. 緋色紅螢 *Lycostomus* sp. 印尼 蘇門答臘　3. 尾黑紅螢 cf. *Lycostomus* sp. 印尼 蘇門達臘
4. 雙色黑紅螢 *Cautires* sp. 印尼 蘇門答臘　5. 前紅有刺無刺金花蟲 *Agonita* sp. 印尼 蘇門答臘（擬態種）　6. 黑端紅棕天牛 *Erythrus* sp. 印尼 加里曼丹（擬態種）　7. 蘇門答臘紅金花蟲 *Sundapyrochroa sumatrensis* 印尼 蘇門答臘（擬態種）　8. 大鬚紅筒郭公蟲 *Tenerus* sp. 印尼 蘇門答臘（擬態種）　9. 黑端紅櫛鬚蟲 *Simianus* sp. 印尼 蘇門答臘（擬態種）　10. 尾黑粗鬚菊虎 Cantharidae gen. sp. 印尼 蘇門答臘（擬態種）

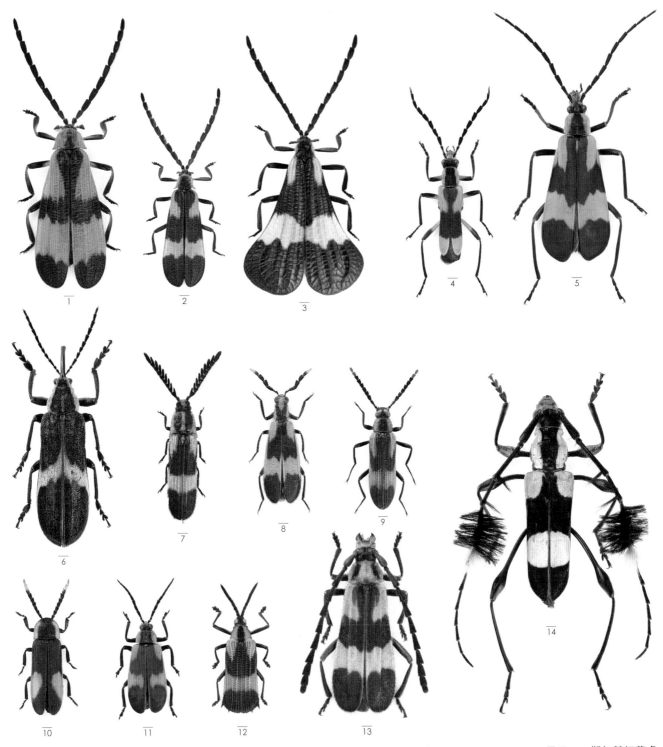

1. 黑帶紅螢 *Calopteron* sp. 祕魯　2. 細黑帶紅螢 *Calopteron* sp. 祕魯　3. 白帶寬翅紅螢 *Calopteron tropicum* 巴西　4. 擬紅螢細菊虎 *Microdaiphron* sp. 祕魯（擬態種）　5. 擬紅螢菊虎 *Daiphron laticolle* 祕魯（擬態種）　6. 黃帶大曙象鼻蟲 *Homalocerus lyciformis* 巴西（擬態種）　7. 擬紅螢叩頭蟲 cf. *Achrestus* sp. 祕魯（擬態種）　8. 擬紅螢郭公蟲 *Platynoptera* sp. 祕魯（擬態種）　9. 擬紅螢擬步行蟲 *Strongylium* sp. 祕魯（擬態種）　10. 雙紋窗螢 *Lucidota* sp. 祕魯（擬態種）　11. 擬紅螢金花蟲 Galerucini gen. sp. 祕魯（擬態種）　12. 雙色尾棘金花蟲 *Chalepus alienus* 祕魯（擬態種）　13. 擬紅螢天牛 *Cosmoplatidius abare* 祕魯（擬態種）　14. 白帶多毛天牛 *Cosmisoma ammiralis* 祕魯（擬態種）

日文名為天道蟲的瓢蟲

　　瓢蟲是甲蟲界勢力龐大的一群，目前已知的種類約有5千種，其中棲息在溫帶地區的種類，大多會集體越冬，美國的聚長足瓢蟲甚至會形成幾十萬隻的大型集團。多數的瓢蟲為肉食性，靠捕捉蚜蟲和介殼蟲為食，所以有時被當作生物防治來運用；相反的，以葉片為食的瓢蟲則會被視為害蟲。

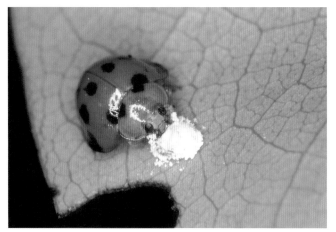

高個瓢蟲 *Hamonia* sp. 菲律賓

寬緣大瓢蟲 *Megalocaria* sp. 菲律賓

雲紋瓢蟲 *Anatis halonis* 日本

墨西哥食植瓢蟲 *Epilachna mexicana* 哥斯大黎加 以葉片為食。

十三星瓢蟲 *Hippodamia tredecimpunctata* 日本

九星瓢蟲 *Coccinella explanata* 日本

聚長足瓢蟲 *Hypodamia convergens* 美國

會分泌毒液的七星瓢蟲 *Coccinella septempunctata* 日本

大十三星瓢蟲 *Synonycha grandis* 泰國

和瓢蟲真假難辨的甲蟲們

　　說到黃底或紅底搭配黑點的甲蟲，相信很多人第一個想到的就是瓢蟲。瓢蟲在受到攻擊時，會釋放氣味難聞的防禦液，讓捕食者放棄攻擊。事實上，具備毒性防禦液或帶有毒針的甲蟲，體表大多會出現上述的紋路，或許是可以藉由身上的斑紋讓捕食者不想靠近吧！

　　本頁僅有收錄一種瓢蟲，另有幾隻是金花蟲、金龜子、長角象鼻蟲、天牛與捲葉象鼻蟲，但有些金花蟲本身已具毒性，所以牠們很可能是互相模仿的穆氏擬態。

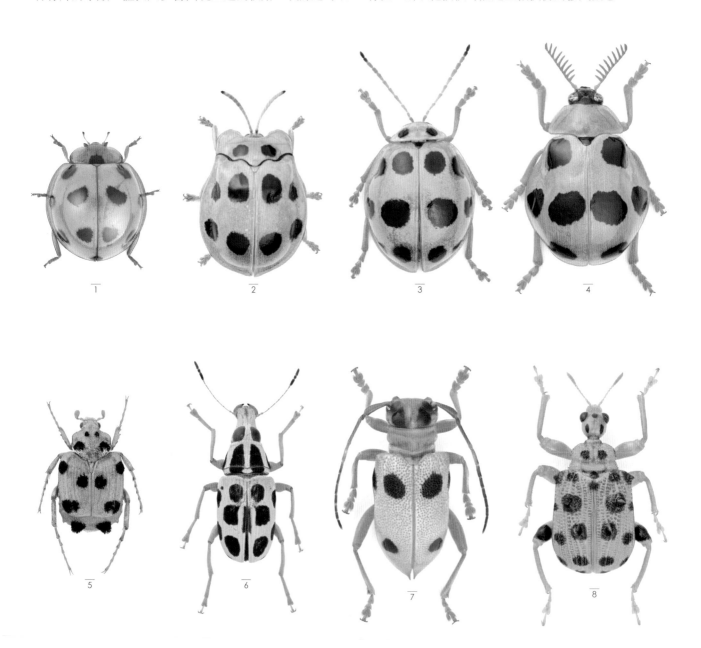

1. 高個瓢蟲 *Harmonia manillana* 馬來西亞 婆羅洲　2. 沙勞越鋸龜甲 *Basiprionota sarawacensis* 馬來西亞 婆羅洲（擬態種）　3. 瓢蟲大金花蟲 *Oides* cf. *maculosa* 馬來西亞 婆羅洲（擬態種）　4. 長角瓢蟲金花蟲 *Clytrasoma balyi* 馬來西亞 婆羅洲（擬態種）　5. 扁刺芝麻斑花金龜 *Dasyvalgus* cf. *decamaculatus* 馬來西亞 婆羅洲（擬態種）　6. 黑點長角象鼻蟲 cf. *Acorynus* sp. 菲律賓 呂宋島（擬態種）　7. 瓢蟲天牛 *Entelopes glauca* 馬來西亞 婆羅洲（擬態種）　8. 刺芝麻斑捲葉象鼻蟲 *Paroplapoderus bistrispinosus* 馬來西亞（擬態種）

不可思議的擬態

　　擬態是甲蟲的看家本領之一。基本上可分為模仿有毒種，以此狐假虎威的「貝氏擬態」，以及擁有相近生態、棲息在同樣環境的有毒物種相互模仿的「穆氏擬態」。

　　蟻蜂擁有強烈的攻擊性，所以世界各地不乏模仿其外型的物種，這種情形就是典型的貝氏擬態。相較之下，穆氏擬態則較複雜，以大蕈蟲與銅金花蟲為例，兩者都不受捕食者青睞，所以不難理解彼此會互相擬態。不過，也有讓人無法理解牠們是如何藉由互相擬態而讓雙方獲益的組合，例如象鼻蟲與天牛。

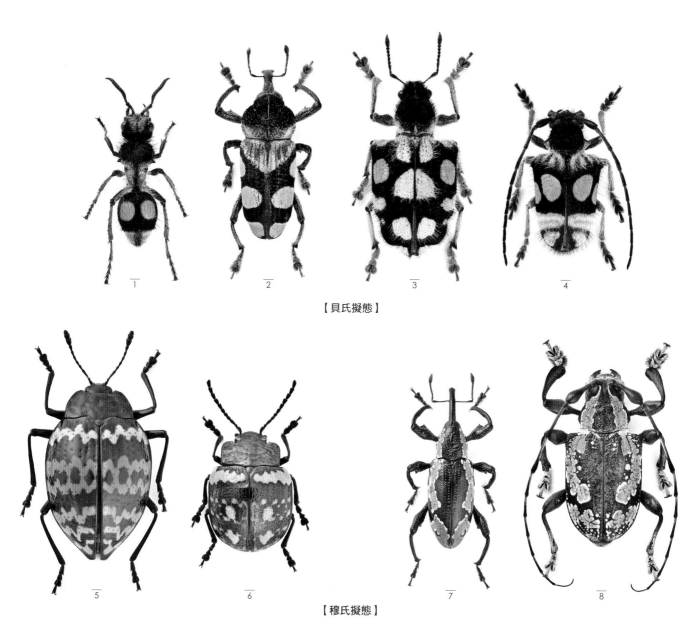

【貝氏擬態】

【穆氏擬態】

1. 雙爪胸刺蟻蜂 *Hoplomutilla spinosa* 巴西　2. 擬蟻蜂象鼻蟲 *Ameris dufresnii* 巴西（擬態種）　3. 擬蟻蜂粗嘴象鼻蟲 *Trichaptus mutillarius*（擬態種）　4. 擬蟻蜂天牛 *Compsosoma mutillarium* 巴西（擬態種）　5. 鋸齒紋大蕈蟲 *Erotylus* cf. *voeti* 祕魯　6. 鋸齒紋寬肩金花蟲 *Platyphora rubropunctata jaraguina* 祕魯　7. 挖洞秀麗象鼻蟲 *Heilipus elegans* 祕魯　8. 茶紋薩蒂波天牛 *Satipoella ochroma* 祕魯

在陽光下飛行的花金龜

Scarabaeidae : Cetoniinae

目前已知的種類約有 3 千種，雖然花金龜也是金龜子科的甲蟲，但是其生態與其他金龜子相差甚遠，包括前翅不會張開只靠後翅飛行、偏好充足的陽光、喜歡吸食花蜜和樹液等，因此形態也跟著特殊化。雖然花金龜在外型上獨樹一格，卻沒有單獨成為一科。金龜子的英語稱為 chafer beetle，花金龜則稱為 flower beetle。

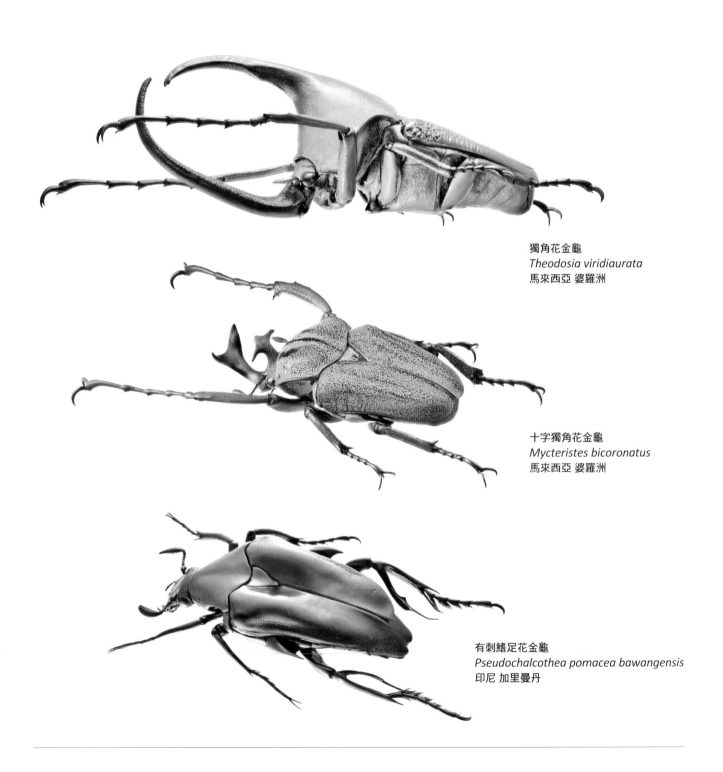

獨角花金龜
Theodosia viridiaurata
馬來西亞 婆羅洲

十字獨角花金龜
Mycteristes bicoronatus
馬來西亞 婆羅洲

有刺鰭足花金龜
Pseudochalcothea pomacea bawangensis
印尼 加里曼丹

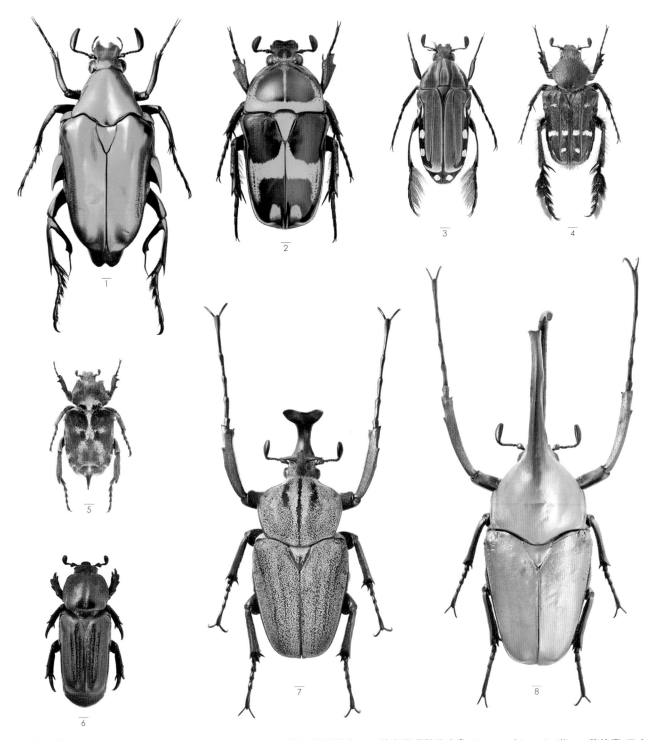

1. 刺足花金龜 *Pseudochalcothea pomacea bawangensis* 印尼 加里曼丹　2. 希米里瑪豔花金龜 *Heterorrhina simillima* 菲律賓 呂宋島　3. 長毛腳花金龜 *Pogonotarsus plumiger* 馬達加斯加　4. 毛腳花金龜 *Chromoptilia diversipes* 馬達加斯加　5. 絨毛大扁花金龜 *Cosmovalgus conradti* 喀麥隆　6. 黑筒花金龜 *Genuchus colasi* 多哥　7. 十字獨角花金龜 *Mycteristes bicoronatus* 馬來西亞 婆羅洲　8. 獨角花金龜 *Theodosia viridiaurata* 馬來西亞 婆羅洲

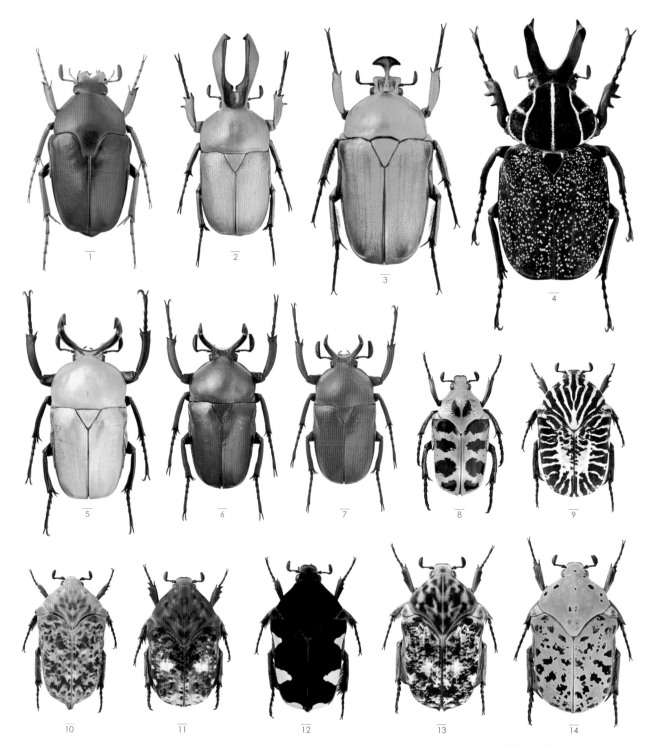

1. 雙色花金龜 *Mycterophallus dichropus* 巴布亞紐幾內亞　2. 蛋白石花金龜 *Narycius opalus* 印度　3. 印度大角花金龜 *Trigonophorus delesserti* 印度　4. 印加角花金龜 *Inca clathratus* 祕魯　5、6、7. 橇角青金花蟲 *Cyphonocephalus olivaceus* 印度　8. 翡翠花金龜 *Howdenypa gloriosa* 哥倫比亞　9. 放射菱胸花金龜 *Gymnetis stellata* 墨西哥　10. 霞彩菱胸花金龜 *Gymnetis flaveola* 祕魯　11. 太陽 菱胸花金龜 *Gymnetis cupriventris* 祕魯　12. 大三角菱胸花金龜 *Gymnetis holosericea* 巴西　13. 樺色菱胸花金龜 *Gymnetis bajula* 祕魯 14. 樺色菱胸花金龜 *Gymnetis bajula wallastonii*（墨西哥亞種）

史坦利亞納花金龜 *Asthenorhina stanleyana* 喀麥隆

哈瑞斯花金龜 *Megalorrhina harrisi* 喀麥隆

薩維吉花金龜 *Mecynorhina savagei* 喀麥隆

大王花金龜 *Goliathus goliatus* 喀麥隆

黃紋角細花金龜 *Dicheros bicornis* 馬來西亞

橫綱豔花金龜 *Rhombborhina gigantea* 馬來西亞

體重稱霸全世界的大王花金龜

Scarabaeidae : *Goliathus*

　　大王花金龜是大角花金龜屬的一種巨型花金龜，已知在非洲中部的熱帶雨林有 6 種分布，其體長可達約 10 公分，也是目前所知全世界最重的甲蟲。活動時間沒有白天和黑夜之分，在花金龜中算是少見的生活習性。牠們會選好特定的樹木，啃食其嫩枝，使樹液流出，並將之當作棲息之所。

大王花金龜 *Goliathus goliatus* 喀麥隆

擬態成蠅的甲蟲們

　　南美的象鼻蟲中，很多種類都會擬態成具紅色複眼與體表佈滿直紋的肉蠅。肉蠅的動作敏捷，對鳥類而言是不易捕獲的獵物，所以不太受獵食者青睞。擬態成蠅類的甲蟲在亞洲發現的個案很少，不過像是把腹部擬態成和肉蠅臉部相似的擬蠅刺扁花金龜，就是極具代表性的擬蠅類。

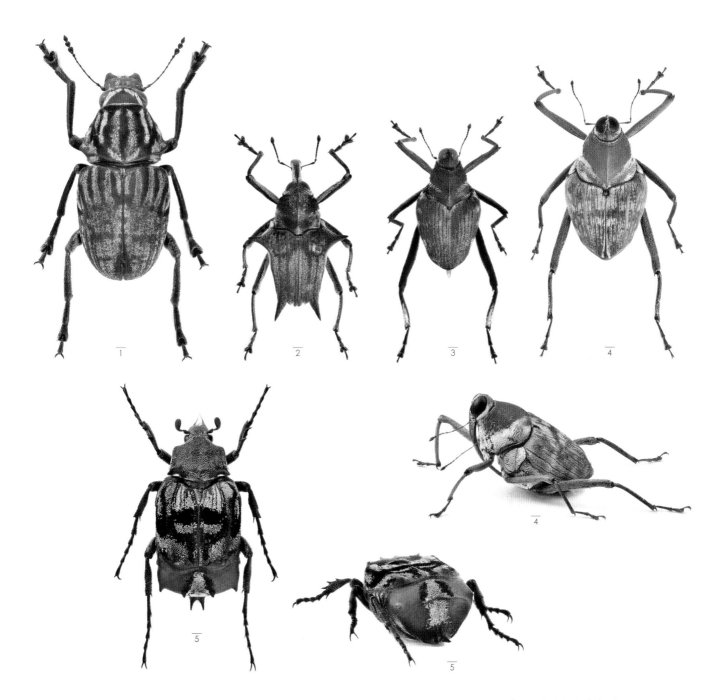

1. 擬蠅筒形長角象鼻蟲 *Stenocerus frontalis* 法屬圭亞那　2. 擬蠅姬象鼻蟲 *Pteracanthus smidtii* 祕魯　3. 擬大蠅象鼻蟲 cf. *Mnemynurus* sp. 祕魯　4. 擬大蠅象鼻蟲 *Mnemynurus* sp. 祕魯　5. 擬蠅刺扁花金龜 cf. *Dasyvalgus* sp. 印尼加里曼丹

擁有金黃色澤的金龜子

　　金龜科的甲蟲中，除了花金龜、獨角仙等，基本上都是從傍晚至入夜後才開始活動，目前全世界已知的種類約有 2 萬 5 千種，分布地區從亞寒帶至熱帶地區。許多種類的共通特徵是外表的美麗金屬光澤，分為食葉和吸食樹液、花粉這兩大派，本書主要介紹食葉的種類。

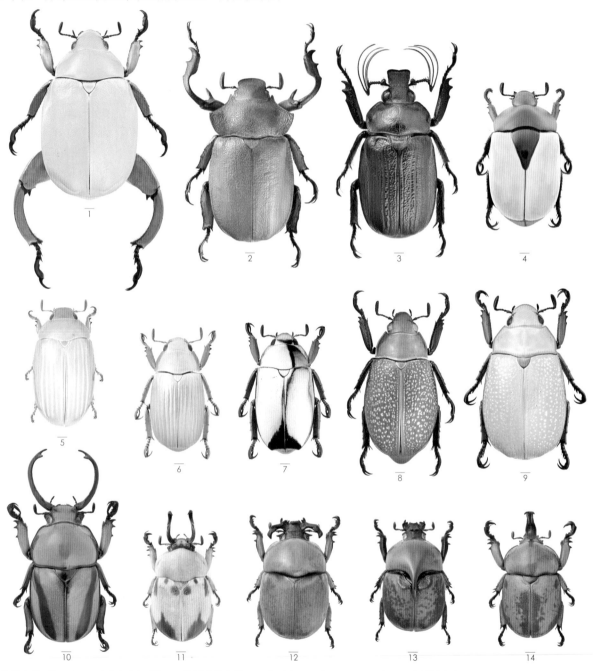

1. 粗腿黃綠金龜 *Chrysina adolphi* 墨西哥　2. 綠長臂條金龜 *Spodochlamys latipes* 厄瓜多　3. 卷鬚條金龜 *Anatista lafertei* 哥倫比亞　4. 大楯金龜 *Macraspis clavata* 巴西　5. 黃條麗紋矮金龜 *Platycoelia flavostriata* 委內瑞拉　6. 巴登寶石金龜 *Chrysina badeni* 墨西哥　7. 棕足銀背寶石金龜 *Chrysina limbata* 哥斯大黎加　8. 紅金斑寶石金龜 *Chrysina cunninghami* 巴拿馬　9. 炫目寶石金龜 *Chrysina spectabilis* 宏都拉斯　10. 黑條鍬形金龜 *Fruhstorferia nigromuliebris* 馬來西亞　婆羅洲　11. 紫斑鹿角金龜 *Pukupuku katsurai* 中國　12. 弓角豬金龜 *Dicaulocephalus feae* 泰國　13. 背角豬金龜 *Peperonota harringtoni* 泰國　14. 扁角馬來金龜 *Ceroplophana modiglianii* 馬來西亞

1.寶石金龜 *Chrysina argenteola* 哥倫比亞　2.金綠金龜 *Anoplognathus aeneus* 澳洲　3.象牙聖誕金龜 *Anoplognathus pallidicollis* 澳洲　4.銀色寶石金龜 *Chrysina chrysargyrea* 哥斯大黎加　5.澳洲金色金龜 *Anoplognathus aureus* 澳洲　6.茶紋金龜 *Pelidnota strigasa* 哥斯大黎加　7.竹節金龜 *Platycoelia valida* 委內瑞拉　8.紅腳淺色金龜 *Pelidnota paralella* 哥倫比亞　9.黃斑南美金龜 *Rutela vetula* 巴西　10.歐貝魯弓足金龜 *Heterosternus orberthueri* 哥斯大黎加　11.胸黑中美金龜 *Callistethus cupricollis* 哥斯大黎加　12.紅線金龜 *Pelidnota nitescens* 巴西

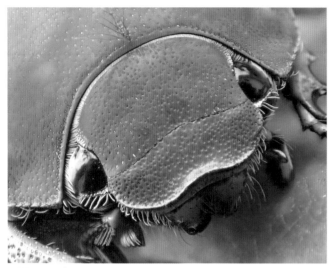

相撲力士金龜 *Lepidiota mellyi* 馬來西亞 婆羅洲

馬來西亞長臂金龜 *Cheirotonus peracanus* 馬來西亞

青腳條紋金龜 *Pelidnota testaceovirens* 祕魯

淺綠條金龜 *Pelidnota prasina* 祕魯

南美紅天鵝絨金龜 Melolonthinae gen.sp. 祕魯

綠龜甲金龜 *Macraspis peruviana* 祕魯

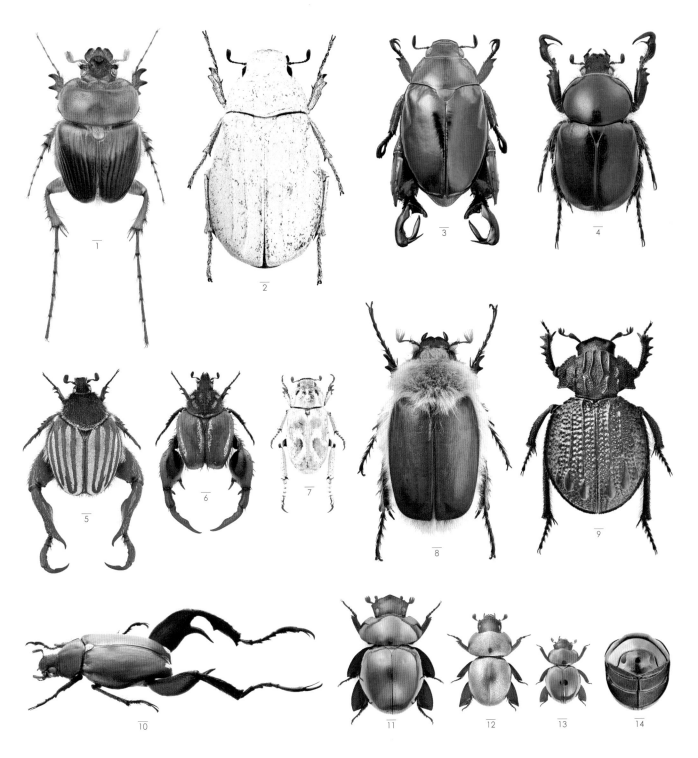

1. 長跗擬糞金龜 *Phaenognatha* cf.*erichsoni* 澳洲　2. 白金龜 *Cyphochilus insulanus* 寮國　3. 鈎爪聖誕金龜 *Repsimus manicatus* 澳洲
4. 莫瑞犀金龜 *Peltonotus morio* 泰國　5. 直紋猿金龜 *Denticnema striata* 南非　6. 蟹腳猿金龜 *Pachycnemida calcarata* 南非　7. 黃金
長腳金龜 *Hoplia aurata* 馬來西亞 婆羅洲　8. 獅毛金龜 *Sparrmannia* cf. *flave* 納米比亞　9. 圓胸大瘤條紋金龜 *Omorgus rotundulud* 澳洲
10. 鬼怪深茶金龜 *Trigonochilus coriaceus* 肯亞　11. 大豔球金龜 *Ceratocanthus* sp. 巴拿馬　12. 粗目絢爛球金龜 *Eusphaeropeltis* sp. 馬
來西亞　13. 紅豔球金龜 *Ceratocanthopsis fulgida* 法屬圭亞那　14. 變形金剛球金龜 *Ceratocanthus* sp. 法屬圭亞那

被當成神的化身的糞金龜

Scarabaeidae : Scarabaeinae

　　金龜亞科的甲蟲以動物糞便為食，所以被稱為食糞甲蟲，包括黑糞金龜、神聖糞金龜等，分布在有哺乳類動物的地區，意即幾乎分布於世界各地。具備美麗外型與奇特習性的種類很多，代表性種類之一的神聖糞金龜在古埃及被視為太陽神的化身，是神聖的存在。

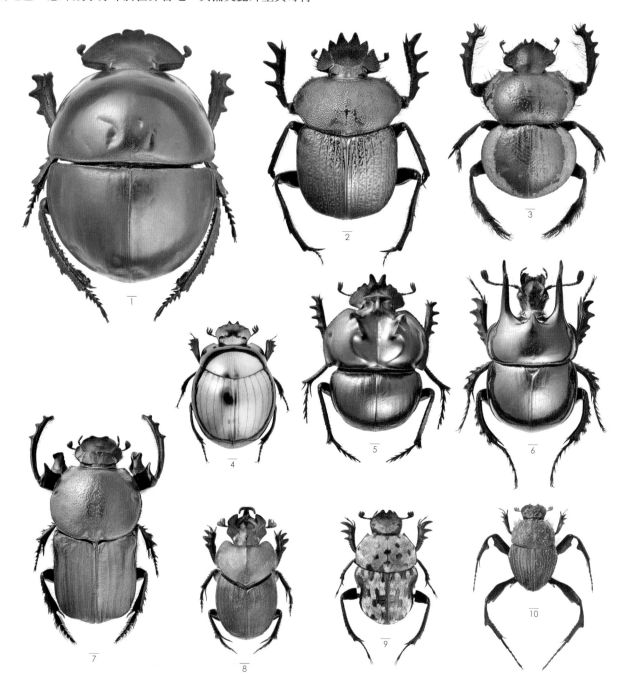

1. 乒乓糞金龜 *Circellium bacchus* 南非　2. 青銅糞金龜 *Kheper erichsoni* 泰國　3. 鑲邊無翅糞金龜 *Pachysoma striatus* 南非　4. 圓豔糞金龜 *Epilissus splendidus* 馬達加斯加　5. 牛角蛛形糞金龜 *Glyphoderus sterquilinus* 阿根廷　6. 長角糞金龜 *Chelotrupes algarvicus* 葡萄牙　7. 長斧足黑糞金龜 *Chironitis furcifer* 希臘　8. 長鬚闇魔金龜 *Parascatonomus egregius* 印尼 蘇門答臘　9. 白斑糞金龜 *Gymnopleurus gemmatus* 印度　10. 長腳糞金龜 *Sisyphus thoracicus* 印尼 蘇門答臘

1.深山黑糞金龜把糞便製作成堅硬的糞球，使其發酵。　2.為了產卵而挖洞。　3.產卵。　4.製作了 4 顆育兒球。　5.逐漸成長的深山黑糞金龜幼蟲。　6.在糞球中的深山黑糞金龜幼蟲。　7.深山黑糞金龜與育兒球。　8.羽化後破糞球而出的深山黑糞金龜。

牛角蛛形糞金龜
Glyphoderus sterquilinus
阿根廷

鬼角糞金龜
Liatongus monstrosus
墨西哥

惡魔彩虹黑糞金龜
Phanaeus demon exelsus
尼加拉瓜

雙刺黑糞金龜
Phanaeus bispinus
祕魯

美麗彩虹黑糞金龜
Oxysternon festivum
法屬圭亞那

福努斯黑糞金龜
Sulcophanaeus faunus
祕魯

×2.0

米瑪斯彩虹黑糞金龜
Diabroctis mimas
祕魯

劍齒虎大牙糞金龜
Lethrus scoparius
烏茲別克

獨角大牙糞金龜
Lethrus karelini
吉爾吉斯斯坦

雪菲爾長腳糞金龜 *Sisyphus schaefferi* 法國

七星糞金龜 *Canthon septemmaculatus* 哥斯大黎加

彩虹閻魔金龜 *Proagoderus* sp. 喀麥隆

綠斑馬龍糞金龜 *Oxysternon conspicillatum* 祕魯

大長腳糞金龜 *Deltochilum dentipes* 祕魯

祕魯無盾厚角糞金龜 *Athyreus* sp. 祕魯

紫角糞金龜 *Enoplotrupes sharpi* 泰國

拉達米斯特糞金龜 *Pseudoniticellus rhadamistus* 泰國

正在滾糞球的堤豐糞金龜 *Scarabaeus typhon* 法國

正在守護糞球裡的卵的堤豐糞金龜 *Scarabaeus typhon* 法國

正在滾糞球的神聖糞金龜 *Scarabaeus sacer* 摩洛哥

正在滾糞球的大顎神聖糞金龜 *Scarabaeus laticollis* 法國

守護著糞球的大顎神聖糞金龜 *Scarabaeus laticollis* 法國

滾糞球的無刺糞金龜 *Paragymnopleurus* sp. 寮國

為了爭奪糞球而互打的長星神聖糞金龜 *Scarabaeus semipunctatus* 法國

長星神聖糞金龜棲息在砂地。

擁有發達犄角的
獨角仙雄蟲

Scarabaeidae : Dynastinae

　　獨角仙別名為兜蟲，是金龜子科、兜蟲亞科的甲蟲，有好幾個亞族，包括 Dynastini 族、Oryctini 族等。全世界約有 1 千 3 百種獨角仙，其中又有真獨角仙之稱的 Dynastini 族以大型種居多，包括赫克力士長戟大兜蟲、南洋大兜蟲。主要棲息在亞洲和美國的熱帶地區，非洲也有極少數 Dynastini 族的成員，例如半人馬大兜蟲。多數 Dynastini 族的雄蟲，具備特徵性的長犄角，可當作戰鬥的武器。Oryctini 族則分布在各地的熱帶及亞熱帶地區，以中型種和小型種為主，包括犀兜蟲和恐龍兜蟲。Oryctini 族的雄雌差異不明顯，外表也不起眼，甚至椰子犀角兜蟲等種類是危害椰子的害蟲。

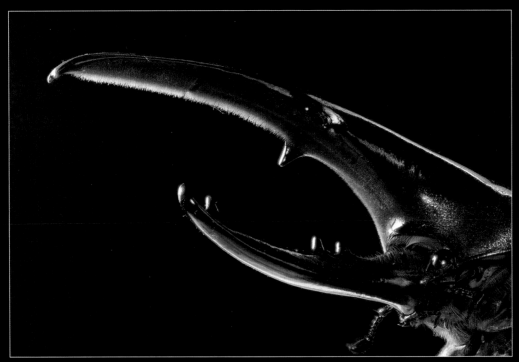

赫克力士長戟大兜蟲 *Dynastes hercules* 法屬瓜地洛普

獨角仙 *Trypoxylus dichotomus* 日本

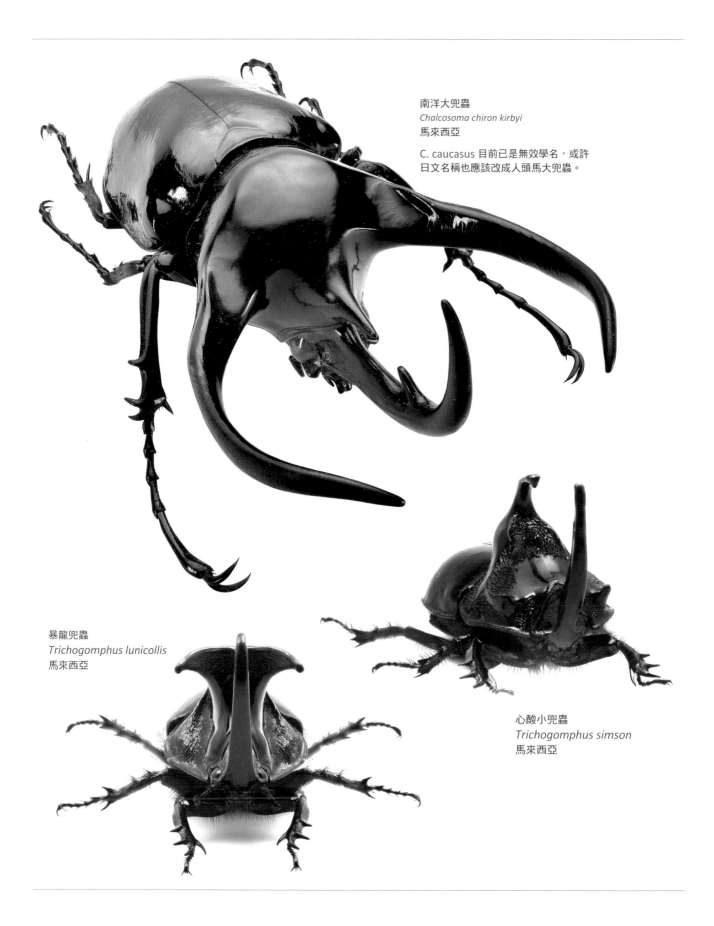

南洋大兜蟲
Chalcosoma chiron kirbyi
馬來西亞

C. caucasus 目前已是無效學名，或許
日文名稱也應該改成人頭馬大兜蟲。

暴龍兜蟲
Trichogomphus lunicollis
馬來西亞

心酸小兜蟲
Trichogomphus simson
馬來西亞

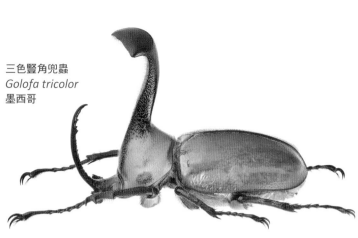

三色豎角兜蟲
Golofa tricolor
墨西哥

亞特拉斯南洋大兜蟲的對戰 *Chalcosoma atlas* 印尼 蘇門答臘

亞克提恩大兜蟲 *Megasoma actaeon* 法屬圭亞那

波特瑞豎角兜蟲 *Golofa porteri* 委內瑞拉

擁有發達大顎的鍬形蟲雄蟲

鍬形蟲屬於鍬形蟲科，全世界的種類約有 1 千 5 百種。鍬形蟲主要在北半球的溫帶地區與亞洲的熱帶、亞熱帶地區，非洲和南美洲則種類不多。種類間體型差異極大，有 1 公分以下的小型種，也有長達 13 公分的長頸鹿鋸鍬形蟲。日本有將近 40 種鍬形蟲，不乏深山鍬形蟲等大型種，但體長最多不超過 8 公分。許多鍬形蟲的共同特徵是雄蟲具有發達的大顎，與其他雄蟲競爭食物和雌蟲時，會當作戰鬥的武器。即使是同種類，體型也有大小變化，大顎的發達狀況也因種類而異。多數鍬形蟲會群聚在樹液附近，但小而美的琉璃鍬形蟲則喜歡啃食橡樹類的新芽。

雪國小琉璃鍬形蟲 *Platycerus albisomni* 日本

深山鍬形蟲
Lucanus maculifemoratus
日本

彩虹鍬形蟲
Phalacrognathus muelleri
澳洲東北部

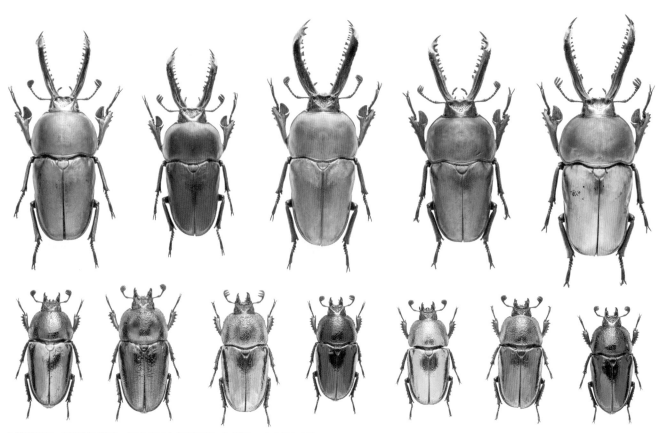

上排為雄蟲，下排則是雌蟲，這是棲息在印尼西部、海拔近 2 千公尺高山地區的金鍬形蟲，擁有各種特殊的體色，有趣的是體色似乎並非因環境影響而變化，而是由遺傳決定。顏色傾向是依產地而定，大致分為綠色系、青色系、銅色系，另有紫色系等其他色系，甚至有以培養更多漂亮色系為目標的人工飼育。

印尼金鍬形蟲屬畫行性，經常飛行。

印尼金鍬形蟲 *Lamprima adolphinae* 印尼

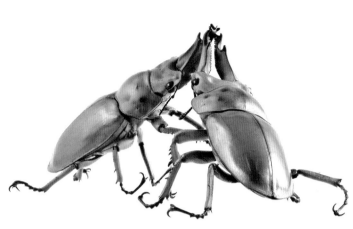

莫瑟里黃金鬼鍬形蟲 *Allotopus moellenkampi moseri* 馬來西亞

羅森伯基黃金鬼鍬形蟲 *Allotopus rosenbergi* 印尼 爪哇島

貝利可薩鬼豔鍬形蟲 *Odontolabis bellicosa* 印尼 爪哇島

長頸鹿鋸鍬形蟲 *Prosopocoilus giraffa* 泰國

泰坦巨扁鍬形蟲 *Dorcus titanus nobuyukii* 馬來西亞

安達祐實大鍬形蟲 *Dorcus antaeus datei* 馬來西亞　　灰毛鍬形蟲 *Cacostomus squamosus* 澳洲

巨顎叉角鍬形蟲 VS 橘背叉角鍬形蟲
Hexarthrius mandibularis vs *Hexarthrius parryi* 印尼蘇門答臘

雲頂大鹿角鍬形蟲 *Rhaetulus didieri* 馬來西亞

豎角鍬形蟲 *Dendezia renieri* 剛果

菲夢力士鬼豔鍬形蟲
Odontolabis femoralis
馬來西亞

紅鹿細身鍬形蟲
Cyclommatus elaphus 印尼 蘇門答臘

日本大鍬形蟲 *Dorcus hopei binodulosus* 日本

擁有出眾外型的偽瓢蟲

目前已知的偽瓢蟲科甲蟲，全世界約有 1 千 3 百種，分布在日本的種類約有 50 種。偽瓢蟲多數為小型種，而且正如其名，外型與瓢蟲很相似，但並無擬態到與瓢蟲真偽難辨的種類。偽瓢蟲與瓢蟲同屬瓢蟲總科（Coccinelloidea），兩者又較為相似，故後者稱為偽瓢蟲。熱帶有不少外型特殊的種類，例如背部長刺的「紅腳刺偽瓢蟲」、體表分布黃色紋路的「陣笠大偽瓢蟲」。多孔菌是陣笠大偽瓢蟲的活動大本營，牠們應該也是食菌甲蟲。

犄角偽瓢蟲
Spathomeles anglyptus 馬來西亞

七星木槿偽瓢蟲
Stenotarsus pardalis 馬來西亞

紅腳刺偽瓢蟲
Cacodaemon bellicosus 馬來西亞

在多孔菌群聚的陣笠大偽瓢蟲和外型相似的擬步行蟲。

陣笠大偽瓢蟲
Eumorphus marginatus
印尼 蘇門答臘

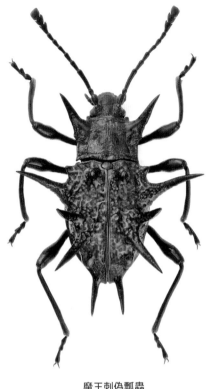

魔王刺偽瓢蟲
Cacodaemon Satanas
馬來西亞 婆羅洲

小角刺偽瓢蟲
Cacodaemon armatus
馬來西亞 婆羅洲

瘤刺偽瓢蟲
Amphisternus sp.
馬來西亞 婆羅洲

橇角刺偽瓢蟲
Cacodaemon auriculatus
馬來西亞 婆羅洲

色彩和形狀變化多端的擬步行蟲

擬步行蟲這個名字本身有些矛盾。雖然有些擬步行蟲的外型確實與步行蟲相似，但步行蟲科的體色大多暗沉，擬步行蟲科的形態可謂相當多元。除了形狀各異之外，還有著彩虹般的光澤，讓人難以相信牠們是同一科甲蟲。目前已知的種類多達 1 萬 8 千種，牠們和步行蟲不同，是行動緩慢的甲蟲，多數以腐植質與蕈類為食，而且大多棲息在朽木，但也有能適應沙漠等乾燥地區的種類，而這些種類的外型也更加特殊。

黃棕粗擬步行蟲 Pycnocerini gen. sp. 喀麥隆

絢爛長迴木蟲 Strongylium sp. 祕魯

青胸擬步行蟲 cf. Drocleana sp. 馬達加斯加

非洲大迴木蟲 Eupezus sp. 剛果

橫綱弓足擬步行蟲 Nyctobates maxima 祕魯

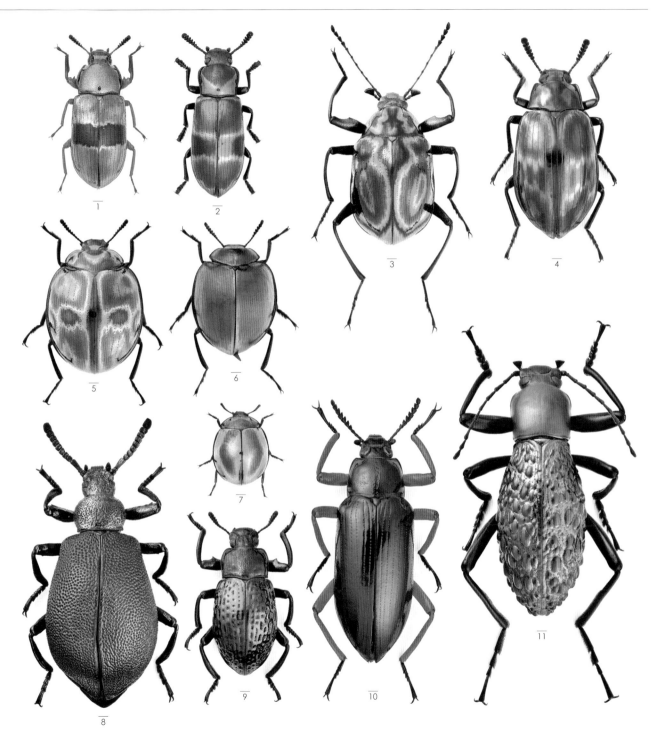

1. 絢爛帶擬步行蟲 *Augolesthus* sp. 馬來西亞 婆羅洲　2. 虹廣腿擬步行蟲 Cnodalonini gen. sp. 馬來西亞 婆羅洲　3. 虹迴木蟲 *Plesiophthalmus* cf. *sawaiae* 越南　4. 瓦氏大虹擬步行蟲 *Euhemicera wallacei* 印尼 蘇門答臘　5. 大虹圓擬步行蟲 *Artactes* sp. 菲律賓 民答那峨島　6. 圓銅擬步行蟲 *Artactes* sp. 馬來西亞 婆羅洲　7. 淡青虹擬步行蟲 *Tetraphyllus* sp. 馬來西亞 婆羅洲　8. 紫腳擬步行蟲 *Metallonotus aerugineus* 南非　9. 絢爛擬大迴木蟲 *Oedemutes* sp. 菲律賓 呂宋島　10. 紅腳漆擬步行蟲 *Scotaeus seriatopunctatus* 菲律賓 呂宋島　11. 紅瘤細頸迴木蟲 *Morphostenophanes bannaensis* 中國

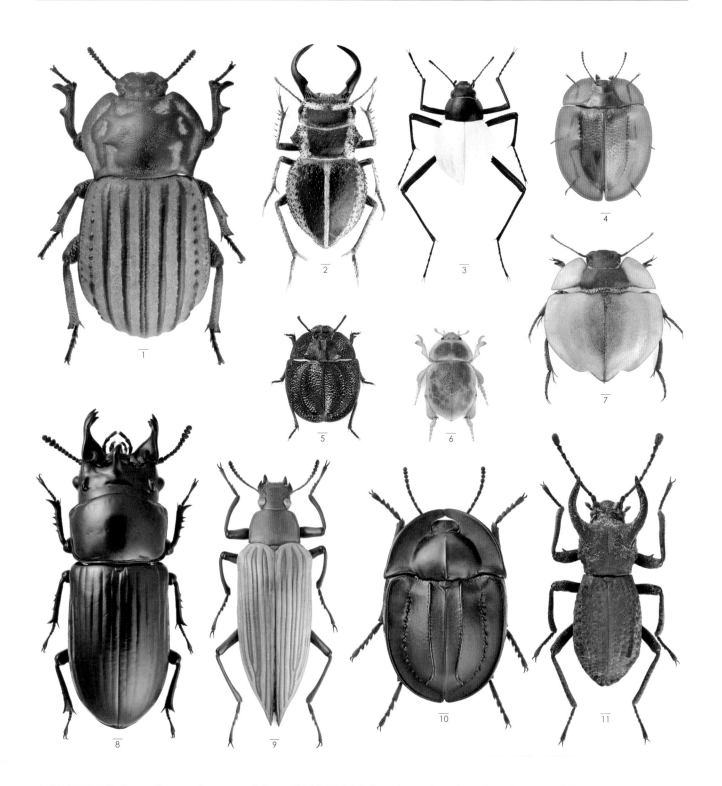

1. 雕刻擬步行蟲 *Anomalipus sculpturatus* 南非　2. 沙漠鍬形擬步行蟲 *Calognathus chevrolati eberlanzi* 納米比亞　3. 黑白姬沐霧甲蟲 *Cauricara eburnea* 納米比亞　4. 龜甲擬步行蟲 *Emcephalus floccosus* 澳洲　5. 裏砂擬步行蟲 *Stips dohrni* 南非　6. 深色海藻擬步行蟲 *Chaerodes trachyscelides* 紐西蘭　7. 圓盤擬步行蟲 *Lepidochora eberlanzi* 納米比亞　8. 鴉天狗擬步行蟲 *Phrenapates* sp. 哥倫比亞　9. 尖青柳擬步行蟲 *Blapida pertyi* 祕魯　10. 金線派盤擬步行蟲 *Helea monilifera* 澳洲　11. 牛角擬步行蟲 *Mechanetes cornutus* 馬來西亞

智利擬泥蟲
Homocyrtus dromedarius
智利

雙折擬步行蟲
Embaphion muricatum
美國

骰子擬步行蟲
Dichta cubica
辛巴威

大瘤擬步行蟲
Sepidium cf. *boranum*
衣索匹亞

身懷彈跳絕技的叩頭蟲

只要把牠翻過來，就會彈起來回到原位。幼蟲屬肉食性，棲息在朽木，以捕捉其他昆蟲為食。叩頭蟲的日文別名為米搗蟲，因為只要壓住牠的身體，前胸先往後仰、再往前叩的樣子有如搗米動作。前胸部腹面有突起，當脫離與中胸突起相互支撐的狀態時，就會產生強大彈跳力。其腹部空洞便是為了承受彈跳力道而存在，因為若非如此，連胸部也會因彈跳力道過大而四分五裂。

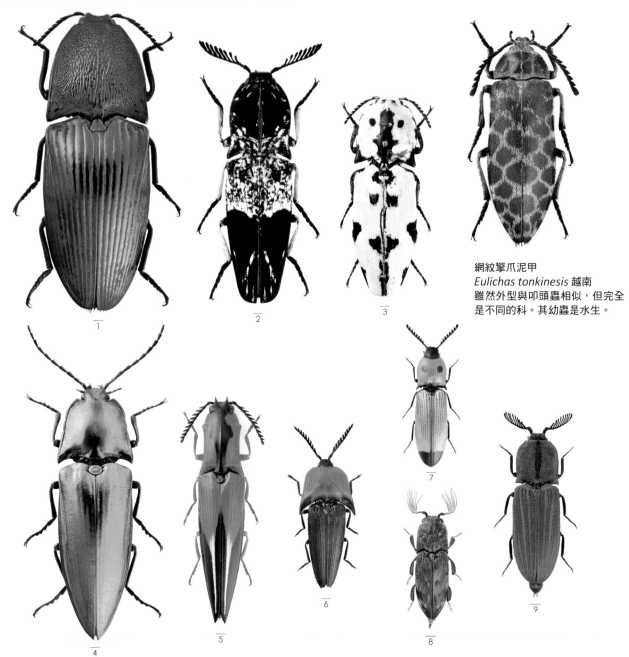

網紋擎爪泥甲
Eulichas tonkinesis 越南
雖然外型與叩頭蟲相似，但完全是不同的科。其幼蟲是水生。

1. 群青寬翅黑丸叩頭蟲 *Chalcolepidius lacordairei* 墨西哥　2. 馬達加斯加鏽叩頭蟲 *Lycoreus alluaudi* 馬達加斯加　3. 白斑黑丸叩頭蟲 *Cryptalaus speciosus* 薩摩亞入侵物種 原產地是印度　4. 大林叩頭蟲 *Campsosternus nobuoi* 日本 與那群島　5. 紅尖叩頭蟲 *Semiotus angulatus* 祕魯　6. 紅胸矢叩頭蟲 *Pachyderes ruficollis* 印尼 勿里洞島　7. 雙爪黑緣叩頭蟲 Elateridae gen. sp. 越南　8. 櫛鬚瘤刺叩頭蟲 *Balgus tuberculosus* 巴西　9. 茜色圓鬚叩頭蟲 *Lacon mausoni* 越南

1. 大林叩頭蟲 *Campsosternus nobuoi* 日本 與那群島
2. 長鬚叩頭蟲 *Pectocera hige* 日本
3. 大青叩頭蟲 *Campsosternus auratus* 寮國
4. 雙紋褐叩頭蟲 *Cryptalaus lacteus* 馬來西亞
5. 大尖鞘叩頭蟲 *Oxynopterus auduoin* 馬來西亞

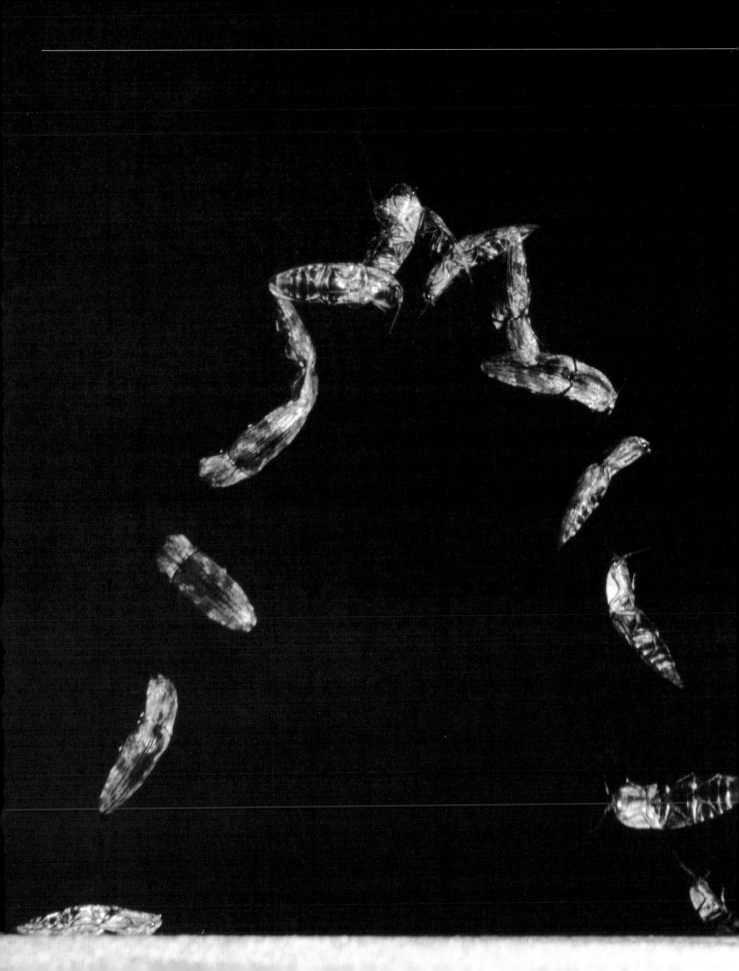

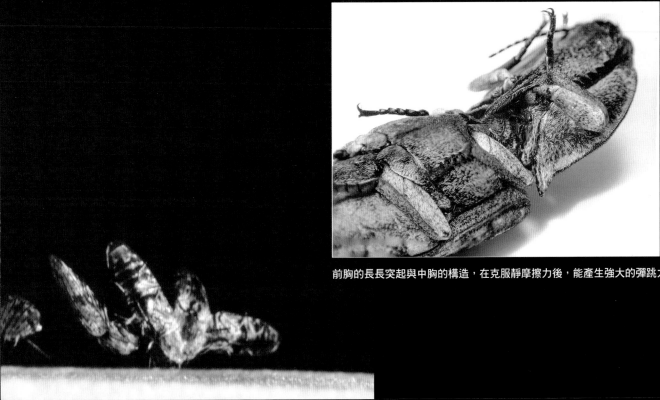

前胸的長長突起與中胸的構造，在克服靜摩擦力後，能產生強大的彈跳

發光叩頭蟲 *Pyrophorus* sp. 祕魯　從腹部發出橘黃色的光。

發光叩頭蟲的胸部有發光器。

雙星叩頭蟲 Elateridae gen. sp. 馬來西亞

被燈火吸引而飛來的非洲大鬚叩頭蟲 *Tetralobus* sp. 喀麥隆

尖黃線叩頭蟲 *Semiotus* sp. 祕魯

淡色尖叩頭蟲 *Semiotus ligneus* 祕魯

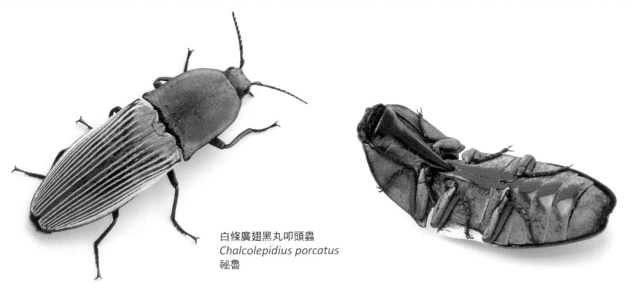

白條廣翅黑丸叩頭蟲
Chalcolepidius porcatus
祕魯

澳洲黑丸叩頭蟲 *Paracalais macleayi* 澳洲

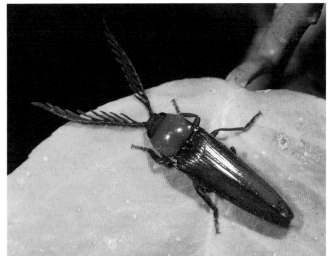

南美櫛鬚叩頭蟲 Elateridae gen. sp. 祕魯

鬼面鏽叩頭蟲 *Neolycoreus regalis* 馬達加斯加

白條廣翅黑丸叩頭蟲 *Chalcolepidius porcatus* 祕魯

水空兩棲的潛水夫日本大龍蝨

　　日本大龍蝨是極具代表性的水生昆蟲之一，從幼蟲階段成長至成蟲階段，除蛹期外，一生都在水中生活，以捕食魚類、蛙類等小生物維生。成蟲會利用儲存在鞘翅下的空氣呼吸。雄蟲的前腳具備吸盤狀的器官，能在交尾時牢牢吸附在雌蟲背部。

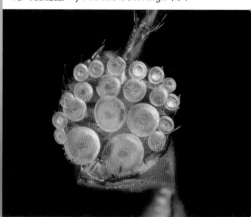

鮑氏麗龍蝨 *Hydaticus bowringii* 日本

日本大龍蝨 *Cybister chinensis* 日本　擁有像槳一樣的後腳。

鮑氏麗龍蝨的吸盤。

正在飛行的日本大龍蝨。

細身龍蝨 *Dytiscus sharpi* 日本　藏身於水草間。

浮於水面的 UFO 豉甲蟲

　　豉甲蟲有 4 顆眼睛，可同時看見水上和水中的景像，其短短的觸角前方具有刷子狀的聽覺器官，可以用來感受水面震動。前腳平常呈摺疊狀，外表修長且功能發達，用於獵食；中腳和後腳則當作船槳使用，以滑水方式游泳。

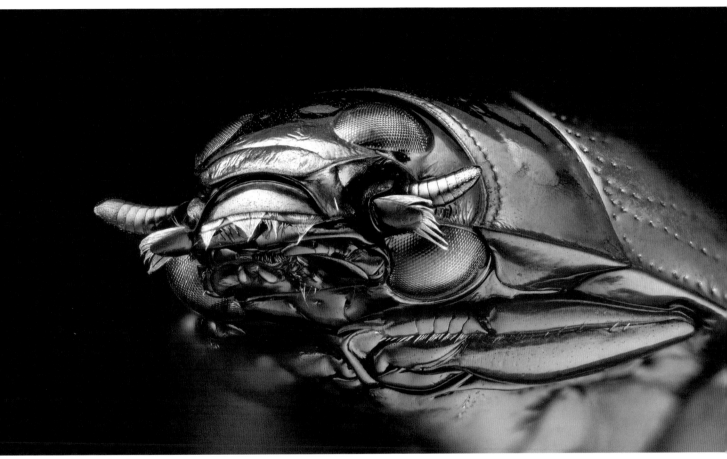

豉甲蟲有 4 顆眼睛。

日本豉甲蟲 *Gyrinus japonicus* 日本

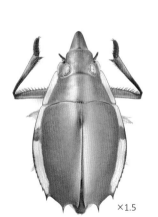

×1.5

鑲邊尖豉甲蟲
Porrorhynchus marginatus
馬來西亞 婆羅洲

國王豉甲蟲
Dineutus macrochirus
巴布亞紐幾內亞

擁有驚異生命歷程的芫青

　　芫青科的甲蟲分布於溫帶至熱帶地區，種類約有 3 千種，本科的特徵是幼蟲會捕食昆蟲的地下卵塊或寄生在育幼巢內。有些種類孵化的幼蟲會跳到花蜂類身上，再跟著降落在花蜂的育幼巢內，奪取蜂卵、幼蟲，甚至是儲存的花粉，以當作食物來源。芫青科幼蟲的發育過程屬複變態，直到寄生蜂巢之前，活動力都很強，等在蜂巢內長為蛆蟲型的幼蟲後，會再進一步成長為有如蛹般的「擬蛹」型態，並在蛹中再次成為蟲，之後才真正化蛹，羽化為成蟲。

地芫青的交尾狀態。左邊是雌蟲。

若沾染到地芫青從腳分泌的毒液，可能導致皮膚紅腫。

地芫青
Meloe coarctatus
日本

地芫青可以一次產下近 5 千個卵。

綠芫青 *Lytta vesicatoria* 法國

豆芫青 *Epicauta gorhami* 日本 飛行的豆芫青。

康納達芫青 *Mylabris connata* 法國

圓胸地芫青 *Meloe corvinus* 日本

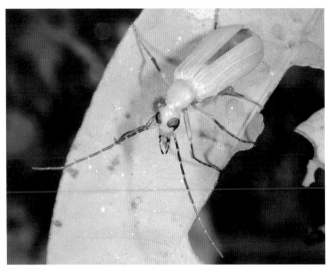

黃芫青的同類 *Zonitis* sp. 馬來西亞

粗腹小翅金花蟲 *Arima marginata* 法國 長得像芫青的金花蟲。

四星芫青 *Mylabris quadripunctata* 法國

粗鬚芫青 *Cerocoma schreberi* 法國
正在交尾的狀態。右邊是雄蟲。

擁有巨大天線的甲蟲們

　甲蟲的世界存在著許多擁有巨大觸角的種類。不論哪一種，清一色皆是雄蟲，因為其巨大觸角，就是用來尋找雌蟲的偵測器。這些甲蟲們大多數的觸角呈櫛齒狀或扇狀，以便接收更多的訊息。

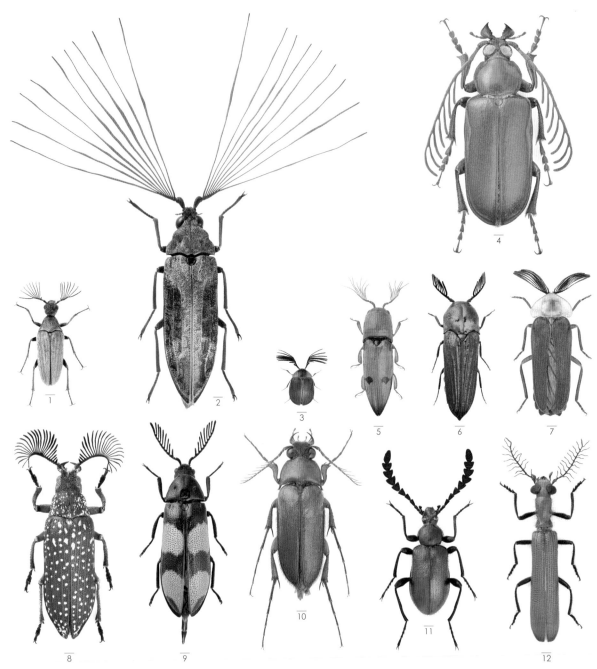

1. 櫛角朽木大花蚤 *Ptilophorus dufouri* 俄羅斯　2. 緣紋國王櫛角蟲 *Callirhipis* sp. 菲律賓 民答那峨島　3. 扇角扁泥蟲 *Schinostethus* sp. 緬甸　4. 偽櫛角蟲天牛 *Pseudopathocerus humboldti* 巴拉圭　5. 無瘤叩頭蟲 *Pterotarsus* sp. 法屬圭亞那　6. 青鬚偽叩頭蟲 *Calyptocerus iridis* 菲律賓 呂宋島　7. 櫛角窗螢 *Dryptelytra* sp. 哥倫比亞　8. 水珠蟬寄甲 *Rhipicera femoralis* 澳洲　9. 四紋櫛角蟲 *Callirhipis* sp. 馬來西亞 婆羅洲　10. 蘇門答臘地叩頭蟲 *Cebrio* sp. 印尼 蘇門答臘　11. 群青大櫛角蟲 *Xystropus caerulescens* 巴西　12. 紅櫛角郭公蟲 *Orthocladiscus* sp. 泰國

各式各樣的甲蟲

甲蟲的多樣性實在是超乎想像，所以無法一一列舉出每一科。以下便為大家介紹無法在本文中登場的「遺珠」甲蟲。

閻魔蟲科

花蚤科

長花蚤科

黃條朽木大花蚤 / 大花蚤科

黑豔蟲科

四星大吸木蟲 / 大吸木蟲科

四星出尾蟲 / 出尾蟲科

牙蟲科

藥材甲蟲 / 蛛甲科

紅帶鰹節蟲 / 鰹節蟲科

金花蟲科 / 豆象亞科

細紅蟻形蟲 / 蟻形蟲科

落葉松八齒小蠹 / 小蠹亞科

姬細扁甲蟲 / 細扁甲科

筒蠹科 / 狹筒蠹亞科

紅胸細筒蠹蟲 / 筒蠹科

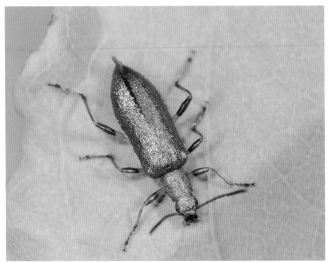

青擬金花蟲 *Arthromacra viridissima* 擬步行蟲科 日本

黃胸擬天牛 *Oedemera testaceithrax* 擬天牛科 日本 石垣島

琉璃扁甲蟲 *Cucujus mniszechii* 扁甲蟲科 日本

花田寄生郭公蟲 *Trichodes apiarius* 郭公蟲科 法國

大穀盜蟲 *Trogossita japonica* 穀盜蟲科 日本

黃帶細長朽木蟲 *Phloiotrya flavitarsis* 長朽木蟲科 日本

粗腿隱翅菊虎 *Ichthyurus shelfordi* 菊虎科 馬來西亞

擬鍬形蟲 *Trictenotoma childreni* 擬鍬形蟲科 馬來西亞

紅胸擬叩頭蟲 *Languria mozardi* 大蕈蟲科 馬來西亞

甲蟲的生活

成蟲的食物

　　甲蟲是完全變態昆蟲，其幼蟲時期與成蟲時期的食物多半不同。以天牛為例，幼蟲基本上棲息在樹幹內部，以啃食樹幹為主，但長為成蟲後，食物來源就變得多元，有些會舔食樹液維生，也有些是吸食花蜜、吃花粉。另有幼蟲時期棲息於土中，以植物根部和腐植質為食，長為成蟲後改吃葉片的種類，例如金龜子。獨角仙和鍬形蟲在幼蟲時期會吃腐植土和朽木，但長為成蟲後則改吃樹液和腐爛水果。有些金花蟲不論成蟲或幼蟲，從小到大皆以同樣植物為食。至於捕食性甲蟲，一般而言不論幼蟲或成蟲都是肉食性。

正在吃花粉的黃紋花天牛。

獨角仙的口器可說是專為舔食樹液所設計，外觀看起來如毛刷。

正在捕食蚜蟲的七星瓢蟲。

正在捕食舞毒蛾幼蟲的埋葬蟲。

正在啃食葉片的芫青。

正在捕食蚯蚓的步行蟲

雄蟲與雌蟲

雖然甲蟲中也有單性生殖的種類，但大多數仍是雄蟲與雌蟲交尾後產卵的方式為主。一般而言，大型甲蟲的產卵數不會太多，且產卵數會因類群有很大差異，例如芫青一次可以產下幾千顆卵；黑蜣螂一次僅產出少量的卵，並由親蟲細心呵護。對獨角仙和鍬形蟲而言，雄雌蟲的外型差異很普遍，例如雄蟲具備長犄角和大顎；對天牛來說，雄蟲的觸角也比雌蟲長。此外，大多的雄性甲蟲是靠著嗅覺尋找雌蟲，而且除了捕食性甲蟲之外，多數甲蟲都是嗅覺優於視覺，此特性在夜行性甲蟲身上尤其明顯。

印尼金鍬形蟲的雄蟲正用前腳鋸掉植物莖部，以取得樹液吸引雌蟲。

長臂天牛的雄蟲會以長腳當作武器，以確保得到雌蟲。

交尾完畢，正在產卵的一對白線天牛。產卵處會流出樹液，將成為各種蟲類的食物。

瓢蟲的腳攀附在雌蟲充滿光澤的背部。

獨角仙雄蟲的前腳有大爪子，可以在交尾時抓住雌蟲背部。

地羌青雄蟲在求偶時，會用一部份肥大的觸角纏繞雌蟲的觸角並不斷抖動。

獨角仙雌蟲一次產下約 30 個米粒般的卵。

特殊的產卵方式

　　象鼻蟲屬的象鼻蟲有長長的口器，會在果實打洞，並在洞中產卵；捲葉象鼻蟲會把葉子捲起來並在裡面產卵；橡實剪枝象鼻蟲則是採用和其他象鼻蟲屬昆蟲一樣的產卵方法，但牠們的口器比一般象鼻蟲更長，且具備鑽洞功能。

1.橡實剪枝象鼻蟲的雌蟲為了產卵而鑿洞。右邊是雄蟲。
2.把屁股放進洞裡產卵。
3.正在切斷樹枝。
4.產卵後切斷樹枝。
5.板栗象鼻蟲為了產卵正在鑽洞。
6.正在交尾的板栗象鼻蟲。殼斗很大，且為了鑽孔產卵，雌蟲口器也特別長。

驚奇的育兒方式

照片為日本的四星埋葬蟲，其幼蟲會發出唧唧聲以回應母蟲的呼喚或討食，育兒方式則與鳥類相似。覆葬甲屬的埋葬蟲，會由雄雌蟲一起把動物屍體埋進土中，並處理成肉球，雌蟲產卵後會留在掩埋處，肉球則可以供幼蟲食用。

夜行性的四星埋葬蟲會在夜間尋找動物屍體，再由雄雌蟲一起把屍體埋進土中，因此地面上鮮少出現鼬鼠等動物屍體。待埋進土裡後，會先去毛，再把卵產在巢穴的壁面，之後雄蟲會離開，留下雌蟲守在巢穴，並以唾液防腐處理過的死屍餵食幼蟲。長大的幼蟲會在土中製造蛹室，在裡面化蛹。

神奇的飛行方式

　　甲蟲的身體構造幾乎皆以堅固的前翅翅鞘包覆身體。體積大的後翅，基本上是摺起來收在前翅之下，無法看見，但是像步行蟲這類放棄飛行的甲蟲，後翅則都已經退化。甲蟲的基本飛行方式會伸展前翅、順著氣流，接著拍動後翅以獲得升力與推動力，簡單來說就像螺旋槳飛機，至於其飛行速度與距離，大多較蜻蜓與蝶類遜色。不過，也有像日銅羅花金龜這類只靠後翅高速移動，能夠相當快速飛行的種類，其飛行方式類似直升機，適合旋轉與懸停。

起飛的深山鍬形蟲。

七星瓢蟲展開前翅，拍動大片後翅飛行。

飛行中的金花蟲。

飛行中的黃星天牛。

飛行中的深山天牛。

日銅羅花金龜不會張開翅鞘，僅靠後翅飛行。

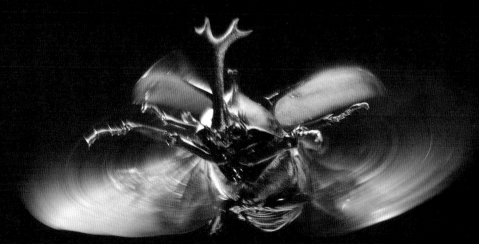

甲蟲的幼生期

　　甲蟲是卵生昆蟲，孵化後的幼蟲歷經脫皮階段而成長。脫皮次數因種類而異，像是獨角仙與鍬形蟲通常歷經兩次脫皮後進入 3 齡的幼蟲期，接著化蛹羽化為成蟲。幼蟲的生活型態依種類而呈現多元樣貌，包括棲息在水中、樹木與樹幹、草莖、朽木、蕈類、地表之下的種類，以及生活在葉上、潛入葉子內部、在路上徘徊的種類；甲蟲的食性也各不相同，有以其他昆蟲和動物屍體為食，也有捕昆蟲為食等。此外，幼蟲外表形態也因生活樣式而呈現差異，例如出沒於草上的瓢蟲和以地面為活動範圍的步行蟲，胸部皆有 6 隻發達的長腳，而僅在朽木、莖中、地下移動的金龜子腳部卻不發達。一旦化成蛹，蛹的形態都會與成蟲相似，像是獨角仙和鍬形蟲等雄雌形態差異很大的甲蟲，到了此階段時，犄角和大顎的大小等特徵也能很明顯地看出，雄雌差異也一目瞭然。從卵到成蟲所需的時間也因甲蟲種類而異，但大多是一年一期，大型獨角仙和鍬形蟲有些則需要 2 年以上。成蟲期間的壽命也長短不一，鍬形蟲等某些種類成蟲甚至可存活數年之久也不算稀奇。

卵會在孵化前變大，最終孵化出全身雪白的幼蟲。
幼蟲會歷經兩次脫皮後，成為終齡幼蟲。

雌蟲的蛹沒有角，
並大約在 3 週後羽化。

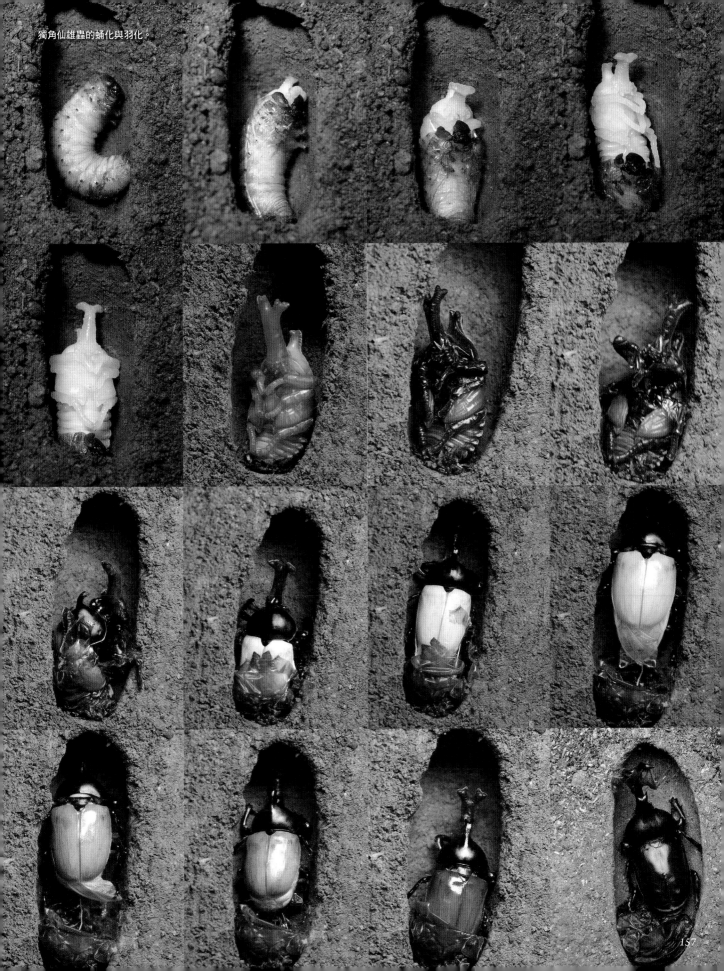

獨角仙雄蟲的蛹化與羽化。

後記

　　從小就透過書籍接觸海野和男先生的昆蟲照片，可以肯定地說，他是我一頭栽進昆蟲世界的重要原因之一。從沒想過有朝一日竟然能和海野先生成為合作夥伴。不僅如此，我的標本收藏居然是由攝影界的新銳昆蟲攝影師法師人響負責拍攝。當我收到這項企畫案時，不禁心想：這個陣容未免也太豪華了。

　　我本身對攝影一竅不通，所以攝影工作幾乎全交由法師人先生，不過拍攝如此大量的標本照片，對我們兩人都是第一次，而且龐大的工作量完全超乎想像，其中最辛苦的部分是標本清潔。標本表面會附著灰塵和髒污，所以拍出完美照片的先決條件就是做好清潔工作。首先，由我負責在顯微鏡下清潔標本，再讓法師人先生拍攝。為了加速工作進度，我們都是在外留宿，而且只要投入工作，就是連續好幾個小時進行作業，這些投入的工作時間，讓我體會到清潔在製作標本上的重要性。乾燥後的標本纖細脆弱，只能拿著毛筆和鑷子小心翼翼地清潔，所以這份工作需要高度的專注，長時間下來，讓我變得心力交瘁，但也得到新收穫。在此要向與我一起並肩作戰，永遠一絲不苟的法師人先生致謝。「我覺得這個角度很好」、「我希望讓觸角看得清楚一點」、「我想以另個方式呈現這個種類」等等，我相信這些我們共同嘗試的每個過程，會讓我們的成果變得更好。

　　有一點很有趣，那就是透過精細的拍攝，能夠發現許多光靠顯微鏡都觀察不到的細節，因此在拍攝過程中，我不時會得到「震撼教育」，驚呼「這種蟲原來是這個樣子！」

　　至於收錄甲蟲種類的選定，我想畢竟只要提到海野先生，很多人會想到擬態，所以這次也請他從標本群中挑選各種不同的擬態種，像是龜金花蟲等甲蟲，也是我看了海野先生的書，才第一次知道名稱，所以很高興這次能夠以這樣的形式為讀者介紹。

　　因為還不曾有人向讀者呈現這麼大量的甲蟲種類，雖然有幾分老王賣瓜之嫌，但我認為這次的確完成了一部很有看頭的作品。在蒐集標本的過程中，我也曾經大吃一驚「居然有這種擬態種」。雖然標本的蒐集與製作是我的天職，而且藉由接案機會，一年會接觸到幾千隻來自海外的進口標本，但每個月還是會碰見沒看過的種類。在為自己的才疏學淺感到慚愧之餘，甲蟲世界的博大精深，永遠讓我嘆為觀止，久久不能自已。

福井敬貴

福井敬貴 *Keiki Fukui*

1994 年出生，福島縣出身。2017 年畢業於多摩美術大學美術系雕刻學科。2019 年在同校研究所，取得美術研究科碩士。學生時代主要製作昆蟲標本，以及使用鑄造技術的雕刻作品。在大學時期創立「蟲部TUBE」社團，並從 2015 年開始舉辦串聯東京 5 大學的蟲迷「五美蟲」（多摩美術大學、武藏野美術大學、東京造形大學、女子美術大學、東京藝術大學），持續舉辦展覽活動與工坊。其昆蟲標本的展足技術備受收藏家與研究者高度肯定，除了接受標本製作的委託，也從事書籍製作與展覽的協助工作、昆蟲模型的造型監修、藝術作品的發表等跨領域活動。

Epilogue

「我想要做《大昆蟲記》的甲蟲版。」這句話是我在 2022 年春天首次與海野先生見面時聽到的。

在這裡偷偷說,當時我還不知道《大昆蟲記》（Data-house）這本書的存在,所以在當天見面後,馬上買來一讀。翻開書頁後,就被來自世界各地的昆蟲照片所折服,實在很難想像這些照片是在沒有網路的年代所拍攝。我很感激透過這本作品,讓我充分了解何謂超越時代的經典。

在進行攝影的過程中,海野先生曾對我說:「拍出來的照片即使畫質不是那麼高也沒關係。」事實上,如果我們做的是一本「僅只一次,下不為例」的書,大可降低畫質,選擇較輕鬆的編輯方式,但是我打定主意,一旦我的照片要和海野先生的作品放在同一本書,那麼為了留下超越時代的優秀作品,我必須全力以赴。

從 2022 年夏天到 2023 年年初的這段時間,我和福井先生不斷往返彼此的家,依照分類群進行標本的攝影工作。雖然海野先生已擬定大致的內容方向,但他對標本並沒有做出詳細的指示,而是任由我決定要收錄哪些甲蟲的照片。

沒想到抉擇過程比我預期的困難,我不知道花了多少時間才從福井先生的龐大收藏中選定目標。幸好我和福井先生稱得上是英雄所見略同,所以討論「該拍哪一樣、又該怎麼拍攝」反倒成為很有趣的過程。就製作這本書而言,這段過程或許是最愜意的時光。

在心懷如此抱負之下,我除了配合海野先生的照片與內容,讓整本書的風格達到一定程度的統一,也力求配置要做到面面俱到,哪怕只是片鱗半爪,也希望讓讀者領略甲蟲的多樣性。

在掌握海野先生對哪幾頁特別投以「關愛眼光」後,我和福井先生便開始分頭進行:他負責捲葉象鼻蟲、龜金花蟲、紅螢的擬態種,而我則專攻步行蟲、擬步行蟲。雖然難以割捨的頁數還有不少,但為了讓讀者百看不厭,還是大刀闊斧忍痛割愛了。

從 2022 年秋天開始的編輯過程,一直持續到 2023 年 2 月,等到大半工作告一段落已是梅花綻放的季節。回想那幾個月的日子,每天和我朝夕相處的就是由福井先生精挑細選的標本們,不論種類為何,看起來都是如此出色,讓人讚嘆不已。現在還記憶猶新的是,冬天出門時,因為看不到家裡的標本們,還覺得有點寂寞,真是天冷心更冷。福井先生製作標本的技術之高自不在話下,即使標本經過清潔,依然能夠通過高畫素相機的考驗。若非如此,照片的編輯作業想必會耗費更多時間吧!

最後藉此機會向參與本書的每一位致謝,包括提出企劃案與統整的海野先生、傾囊相授的福井先生、爽快出借器材的「Tokyo Bug Boys」平井文彥先生、負責編輯的三嶋康次郎先生、負責設計的椎名麻美小姐。另外,我也要特別向田代巧先生表達謝意,感謝他在這段漫長的過程中,多次以話語鼓勵我。

法師人 響

法師人 響 *Hibiki Hoshito*

1999 年出生,茨城縣出身。從小就喜歡接近昆蟲,並希望向更多人傳達生物多樣性與大自然之美。從 2017 年以拍攝工作為主,目前以「Tokyo Bug Boys」的成員身分,進行各種拍攝活動,也參加日本綜藝節目《所喬治好吃驚!》的出演。曾參與書籍及媒體的攝影工作,包括《驚異的標本箱》、《里山生物圖解百科全書》、《學研圖鑑 LIVE》封面照片,也參與在晴空塔舉辦的《大昆蟲展》。

台灣廣廈 國際出版集團
Taiwan Mansion International Group

國家圖書館出版品預行編目（CIP）資料

專為孩子設計!最驚奇的甲蟲圖鑑：豐富色彩×獨特體型×特殊生態,800
種奇特甲蟲大集合!探索不可思議的自然奧祕 / 海野和男, 福井敬貴, 法師人
響作.；藍嘉楹翻譯. -- 初版. -- 新北市：美藝學苑出版社, 2024.03
　　面；　公分.
　　ISBN 978-986-6220-69-2(平裝)
　　1.CST: 甲蟲　2.CST: 動物圖鑑

387.785025　　　　　　　　　　　　　　　　　112022142

美藝學苑

專為孩子設計！世界驚奇甲蟲圖鑑
豐富色彩 × 獨特體型 × 特殊生態，800 種奇特甲蟲大集合！探索不可思議的自然奧祕

作　　者／海野和男‧福井敬貴‧法師人響　　執行副總編／蔡沐晨‧本書編輯／蔡沐晨‧陳虹妏
審　　定／鄭明倫　　　　　　　　　　　　　封面設計／曾詩涵‧內頁排版／菩薩蠻數位文化有限公司
譯　　者／藍嘉楹　　　　　　　　　　　　　製版‧印刷‧裝訂／東豪‧弼聖‧秉成

行企研發中心總監／陳冠蒨　　　　　　　　　線上學習中心總監／陳冠蒨
媒體公關組／陳柔兮　　　　　　　　　　　　數位營運組／顏佑婷
綜合業務組／何欣穎　　　　　　　　　　　　企製開發組／江季珊、張哲剛

發　行　人／江媛珍
法　律　顧　問／第一國際法律事務所 余淑杏律師‧北辰著作權事務所 蕭雄淋律師
出　　版／美藝學苑
發　　行／台灣廣廈有聲圖書有限公司
　　　　　　地址：新北市235中和區中山路二段359巷7號2樓
　　　　　　電話：（886）2-2225-5777‧傳真：（886）2-2225-8052

代理印務‧全球總經銷／知遠文化事業有限公司
　　　　　　地址：新北市222深坑區北深路三段155巷25號5樓
　　　　　　電話：（886）2-2664-8800‧傳真：（886）2-2664-8801
郵　政　劃　撥／劃撥帳號：18836722
　　　　　　劃撥戶名：知遠文化事業有限公司（※單次購書金額未達1000元，請另付70元郵資。）

■出版日期：2024年03月　　　　ISBN：978-986-6220-69-2
　　　　　　2024年08月4刷　　　版權所有，未經同意不得重製、轉載、翻印。